世界很大，有你刚好

Shi Jie Hen Da,
You Ni Gang Hao

鹿满川

著

民主与建设出版社
·北京·

目　录

contens

可惜我不是你的岸

1

　　蚊子从上高中的时候就开始偷偷喜欢梁子。虽然那会儿高中生谈恋爱已经很普遍了，但蚊子搞明白自己心意的时候，她还是吓了一跳——自己可是众人眼里的好学生、乖乖女，怎么能像那些不务正业的同学一样早恋呢！

　　话是这么说，可她哪能拗过自己的心。她的目光总是不受控制地落在坐前排的梁子身上：他习惯把左腿跨到桌子外面，还经常抖啊抖的；他貌似每天都打发胶，一头黑发竖直朝上，跟铁臂阿童木似的；他最讨厌物理课和化学课，在这两门课上打瞌睡的概率最高；他丢三落四，每次老师要讲不久前发下来的卷子，他都弯腰在地上的书包里一顿乱翻，又在书桌洞里倒腾半天，运气好的话才能找到已经皱得不像样的卷子，否则就只能跟同桌看一张了……

爱真是件奇怪的事，年少时的爱往往更加没头没脑。蚊子看到的明明都是这个男生不够好的一面，但她却情不自禁、心惊胆战地爱上了。她嫉妒他身边的一切——他喝水时对嘴的瓶子，写字时握着的笔，睡觉时枕着的外衣——她在心里无数次发疯了似的幻想：如果那是自己，该有多好。

虽然这份感情无法声张，蚊子却也做了隐秘的努力。高二下学期，班里实行"一帮一"制度，身为团支书的蚊子在教师办公室帮班主任整理作业本时主动提出，她愿意跟梁子同桌，以便充分发挥自己理科成绩拔尖的优势，好好督导他学习物理和化学。就这样，蚊子以"帮助同学"的名义，顺利地成了梁子的同桌。

爱着的人，总会觉得自己正被对方讨厌着。她能感觉到他对优等生那种强烈的不屑和抵触，每次叫他中午吃完饭早点回来，他都当成耳边风，害她在教室里苦等，想要讲给他的几道大题也白准备了。

"你不想成绩更好一点吗？"

"关你屁事！"

蚊子时常被他噎得无言以对，她不会发火，只是不跟他说话。可她不吱声，他也不搭理她，好好的同桌，搞得像阶级敌人似的，就差像小学生一样在桌子中间画条"三八线"了。

蚊子觉得这样很不好，于是往往最后还是她主动跟对方说话。他依旧爱搭不理，被问急了，就没好气地说："你讲话像蚊子似的那么小声，谁能听清你在说什么！"

直到蚊子某天课间发现梁子在操场西北角的墙头下抽烟，他才在她面前开始学乖。

"你再不配合我，我……我就告诉班主任。"

"呵，你也就这点本事。"

虽不情愿，但梁子还是每天中午十二点就回到教室，利用下午上课前的一个小时，听蚊子把他测试中做错的题讲解一遍，再做一两道她为他找的同类型题。

蚊子送给他一个多页文件夹，帮他把所有卷子分门别类地归拢好，还用荧光笔标注了他经常答错的重点题型。

她每天记作业单的时候都顺便为他抄写一份——因为他总也记不全各科老师留了哪些作业，第二天早上到校后就"现上轿现扎耳朵眼儿"。

甚至，每周班里大扫除之前，她都默默地把他的书包从地上拿起来整理好，以防他的东西又被人当成垃圾扫走。

功夫不负有心人，经过大半个学期的努力，梁子的理科成绩成功跳上了及格线，连英语也有了小幅进步。老师多次在课堂上点名表扬梁子，他看上去反倒有些无所适从了。

"哦，原来被夸是这种感觉啊。"下课后他自言自语似的说。

蚊子装作没听见，只觉得他更可爱。

或许爱一个人就是这样的吧，会把对方的一丁点快乐放大成自己的巨大欣喜。

梁子生日那天，有人送了他一个限量版夜光溜溜球，就塞在他书桌洞里，没打招呼，也没留字条。他兴奋地在教室里东问西问，想揪出送礼的人，却毫无线索。

放学后，正在收拾东西的他突然神秘兮兮地对蚊子说："你猜这是谁送我的？"

蚊子愣了一秒，问："谁？"

"小莉。"梁子偷偷往教室后方瞄，"前天返周记本时，我的本子是她递给我的。她一定是喜欢我，偷看了我的周记——上周我实在不知道该写点啥，就瞎掰了一个小时候弄丢心爱溜溜球的故事——中午我把她堵在走廊，她还不好意思，死活不承认呢！"

"哦……"蚊子的手停下了，而梁子都快收拾完了。

"对了，这个送你。"蚊子想起了什么似的，突然从书包里掏出一个蓝本子，"是我记的化学笔记，公式很全，你不是总搞混吗……我就给你抄了一份。"

"哦。"梁子接过去，随手塞在书桌洞里，"谢了，师父。"

转眼要毕业了。报志愿时，蚊子突然改变了主意，放弃了理想中的大学，报了一所门槛不高的二本。谁也不知道她到底在抽什么风，老师把她家长叫到了学校，在办公室里对她进行联合训话，她红着眼眶，低着头，讲不出什么理由。

那是她第一次被老师叫家长，她哪儿受得了那阵仗。

散伙前，班里搞了一次联欢会，把所有桌椅围成一圈，每个小组轮番派代表上去表演节目。梁子再次表演了自己拿手的萨克斯，别出心裁地吹了一曲《茉莉花》。蚊子沉醉于这西方管乐和东方民歌的艺术碰撞，心神荡漾，一脸崇拜。他每次换气时上下蠕动的喉结，他随着身体摆动而翩跹起舞的发梢，他魔术师般灵活按键的手指……这些都被她一一看进眼里。

她自然也后知后觉地注意到，原来他吹奏时并没有对着自己，而是在看旁边的小莉。

你是我小心豢养的秘密，却压根没有把我装进你的故事里。

2

蚊子和梁子考到了同一座城市。她听说他又开始不好好读书，天天拎着萨克斯去外面表演赚零花钱。她又通过各种途径，好不容易才打听到他常去打工的那家西餐厅。

可能是受到了大学生活环境的熏陶，以前从不注意外表的蚊子，听舍友们天天讨论如何穿衣打扮，也试着把一直披散着的长发剪成了齐刘海"抱抱头"，整个人立马清爽可爱了不少。

只要一有空，她就偷偷溜回宿舍捣鼓好半天，再倒两趟公交车去那家餐厅，期望能撞见他。前两次她都扑了空，心里空落落地往回返。第三次她有强烈的预感，认为他一定会在——她甚至觉得，那天的天空格外蓝，空气里似乎有点甜，就连赶公交也都特别顺利。她心里像养了一窝兔子，有点欣喜，有点迫不及待；又有点不安，有点想把这路途再拉长一些。

他果然在。还没进门，她就听见了熟悉的乐声。小舞台的位置斜对着门，他正坐在高脚凳上神情专注地吹奏自己心爱的乐器。她也就只敢偷瞄两眼，立马到角落里找了个背对着他的位置坐下。

去的次数多了，她便掌握了规律，知道他每周三、周四才来这里表演，每过一小时跟小提琴手轮流交替，持续到晚上七点。

蚊子每次都坐在不显眼的地方，移动的时候也都低着头，争取不跟他打照面。服务员过来问，她就红着脸只点一杯卡布奇诺和一份杧果班戟，就着醉心的旋律，一坐就是一下午。

有一天，在他演奏完第二轮之后，她好奇心爆棚，想知道他究竟在哪里休息、在做什么，就假装去洗手间，往餐厅的办公区晃悠。

那个门半掩着，"顾客止步"四个大字庄严地贴在上方。有那么一刻，她心里是期待他突然开门出来与自己撞个满怀的，那样就能借由这个机会，让他知道自己一直以来没有说出口的心意了。

可事与愿违，她没把他等出来，却听到了一个不太好的消息。

"小梁啊，下个礼拜开始，你就不用再折腾过来了。我们根据顾客的反应，感觉餐厅里用小提琴演奏更合适——会显得更沉静、更高雅一些。明儿你再来一天，晚上把钱一块结给你。"

说话的是个声音浑厚的男子，应该是餐厅的管理者。

蚊子愣在原地，想听听梁子会有什么反应，屋里却变得安静起来，只有几下为了缓解尴尬而故意挤出的干咳声。

他应该很难过吧。虽然他表面总给人一种玩世不恭、对什么都不在乎的感觉，但心里其实挺脆弱的。蚊子凭借自己对梁子的了解心想。

万幸，梁子的这份工并没有丢。原因是有顾客在餐厅的意见簿上留言，称特别喜欢这个小伙子演奏的萨克斯曲，还详细列举了一大堆他吹过的曲目：《爱无止境》《回家》《人鬼情未了》《永浴爱河》《魂断蓝桥》《清晨》……说这些都被他演奏得很有味道。

"贵餐厅能请到这样的音乐人才来表演，是你们的福气，也是我们这些顾客的福气。相信你们的生意会更加兴隆。"留言的结尾处如此煞有介事地写道。

于是梁子依旧每周三、周四到餐厅演出，蚊子也依旧扮演着若无其事的寻常顾客，等他六点演奏完最后一轮曲子下班，再紧张兮兮地匆忙离开，去赶那辆收车很早的公交。

可某天晚上，她一只脚刚迈出餐厅的门槛，就看见梁子斜挎着乐器包站在门口抽烟。她当时就蒙了，第一反应是再退回到餐厅里，刚要关上门，门上方该死的风铃就又发出一阵脆响。她听到身后有人说："别装了，还躲？"

蚊子硬着头皮转过身，看见梁子把烟头扔在地上正用脚尖碾，还冲她吐了个小烟圈。

"啊……好巧啊……"

"巧个屁，你不是每周都来吗！"

她看到他正用他那种招牌式的不耐烦表情看着自己。她的脸涨得通红，紧张得一时语塞，两只手不由自主地抽着衣角。

"你……你认出我了？"她怯声问。

"那倒不是。"——听他这样讲，她心里隐隐失望了一下。

"但我能认出你的字啊！那篇留言，一看就是你写的！"他神气地说，像个揭开了重案真相的探长。

哈，真不愧是我喜欢的人。我自作聪明地精心伪装，一下子就被你识破了。

3

被"识破"之后，蚊子索性以"支持老同学""鼓励好徒弟""我也在这附近打工，顺道过来""这儿的甜点超级好吃"等名义，依旧每周过来看他演出。有时他在休息的空当，也会坐过来跟她说说话，张口闭口都是关于萨克斯的专业术语，动不动就扯上一大堆名字很拗口的外国大师。虽然蚊子之前也做过一些功课，但有些地方还是听不太懂。不过她每次都饶有兴致地听他讲完。

原来他也可以一口气讲出这么多东西，可能以前只是没有机会让他展现吧。蚊子心想。

"你知道肯尼·基吗？我认为他是最棒的萨克斯风手。他的专辑每一张都畅销得不得了，以后我也要像他一样写很多带劲儿的曲子。只要能碰上有眼光的人，肯做我的金主，让我专心搞创作，我一定能做得比他还好。"说完，他从蚊子盘子里剜走一大块芝士蛋糕，动作特别自然。

"嗯！你这么有才华，吹得这么好，一定会有人赏识你的！"

那年圣诞节，梁子攒动了几个玩不同乐器的人，以乐队的形式在外面接了一场商演。主办方是新开业的一家购物中心，搭了露天台子，想弄出点动静来，搞一轮促销活动。蚊子跟着他们风风火火地一路从城东冲到城西，拎乐器，扛设备，从没干过重活的她像被赐予了神力似的，愣是把自己当男孩子使。

演出很成功，蚊子躲在舞台后方，冻得不停擦鼻涕。看着梁子精神抖擞地卖力演出，她心里莫名有些激动，好像已经看到了他作为音乐家的辉煌未来。

演出完毕，一伙人拿了报酬去附近的馆子庆功，几个男生比着喝酒，蚊子怎么拦都拦不住。没过一会儿，不知是谁先起的头，问蚊子和梁子到底是什么关系。蚊子的脸又立马红到了脖子根儿，赶忙解释说跟梁子是老同学，还故作姿态地称自己是他的"师父"。可大伙对此并不买账，那个披头士发型的贝斯手就开始冲梁子使眼色，其他几人心领神会，都跟着起哄，没头没脑地让他俩亲一个。蚊子又气又窘，正盘算着要不要赶紧离席打车赶回学校，没想到梁子突然把脸凑了过来，一只大手轻易就钳住了她的脸蛋，在一片怪叫声中毫不留情地吻了下去，然后又闷了大半瓶啤酒，把酒瓶往桌上重重一撂，十分潇洒地对所有人说："从今儿起，这妞儿就是我女朋友了！"

蚊子口腔里还有梁子留下的苦涩酒味，她感到一阵眩晕，猜自己的脸现在一定烫得可以烙饼。"女朋友"三个字仿若神旨般回荡在她的头脑中，心里随即产生一种"被认证"似的狂喜。

哦，这就是恋爱的感觉吗？这么神奇，这么妙不可言。哪怕让我死在那一刻，我也愿意啊。

4

除了每周有两天在西餐厅见面，其他时候，几乎都是蚊子去梁子学校找他。每次她都买些吃的，到他宿舍楼下后，打电话叫他下来，两人随便找个地方把东西吃完，漫无目的地溜达一会儿，她再原路返回学校。即便是这样来回折腾，蚊子也乐此不疲。

"我就是想看看他啊，哪怕只能见一眼也好。"乖乖女蚊子终于也有了可以和舍友分享的私密话题，她时常炫耀似的忍不住向她们介绍梁子多帅多有才。

"但他好像从来不给你花钱吧？"舍友小丫一时没忍住，给她泼了一盆冷水。

想想还真是。自从两人确立了恋爱关系，梁子就从来没在外面请蚊子吃过饭，每次都是蚊子埋单——"我总丢三落四的，你也不是不知道。都怪你催我，出门时钱包又忘带了。"他总这样说。

11

被舍友不留情面地戳中，蚊子心里颤了一下，随即在脑中迅速组织回忆和语言，想赶紧为自己的爱情挽回些颜面："谁说没有？他请我在他们食堂吃过两次饭！两次！而且菜比咱们食堂好吃多了！"

　　"切。"舍友们齐刷刷地翻起白眼。

　　"他也没送过你什么礼物吧？"小丫继续深挖。

　　"额……谈恋爱就一定要互送礼物吗？我就不喜欢那些虚头巴脑的东西，不在乎他给我花多少钱。只要能陪在他身边，我就觉得挺好的……"这话说得连她自己都泄了气。

　　"这不是差不差钱的问题，而是差不差事的问题。就算他手头再紧，也不能总让你一个女孩子倒贴啊。他都不肯在你身上付出，又能有多爱你呢？"舍友杜杜总结道。

　　舍友们的话让蚊子犯了嘀咕。她故意在那个月最后一个周四他发工资的晚上，拉他去附近一家店吃火锅，想试他一试。结果呢，不试倒好，试了更失望——吃得差不多的时候，他就出去上洗手间，十多分钟都不回来。蚊子面对桌上的空锅寡水实在耗不下去了，就又叫了服务员埋单。结完账不一会儿，他果然就回来了，解释说自己肚子疼。

　　出了火锅店，他们一前一后往他学校的公交车站走。她突然叫住了他。

"咋了？"他回头问。

"你不是肚子疼吗？要不要去顺便买盒药？"她指着马路对面的一家药房问。

"好……好啊。你不说我还真忘了。"

付款时他掏出兜里的几张粉红毛爷爷摆愣了一下，问蚊子："你那儿有零钱吗？我这儿都大票，就不破开了。你帮我垫一下，回头我给你。"

蚊子就付了。走出药房，她自顾自地往回自己学校的公交车站走。

"唉，你不送我到站点啦？"梁子在后面喊。

她没理，又往前走了几步，感觉他并未追上来，只好又停下了脚步。

梁子这才不紧不慢地走过来，把她身子扳过来，发现她一脸不高兴，好像正在很努力地憋着不让自己哭出来。

"你抽什么风？"他皱着眉头问。

蚊子咬着下嘴唇不说话，仿佛在酝酿什么难以启齿的事。

"有什么就说什么，我不喜欢你这样扭扭捏捏的。"

"不喜欢"这三个字听上去竟那般刺耳。蚊子绷不住了，眼底的委屈一下子翻涌上来，哭着问他："你为什么从来不请我在外面吃饭，也不送我礼物？为什么都让我花钱？你是不是不喜欢我？"

原以为梁子会立马慌张地开始安慰自己，没想到他反倒摆出那种十分气愤的表情。

"行，你跟我计较这些是吧？真没想到。"他莫名其妙地边说边点头，眼睛不停地看向别处，好像在反击路人的异样目光。

"我……我没计较，只是，别人谈恋爱不都是那样的吗？"

"别人去死你怎么不去死呢？没想到你是这种肤浅的女孩！"他突然凶起来，用那种失望、厌恶的语气，一只手狠狠地指了两下地面，"我以为你是真正懂我的人，能看到我身上别人看不到的东西。我今天真的对你感到失望！"

……

那天，梁子站在冷风里给蚊子讲了一堆大道理，比如"爱就是不计回报的付出""如果只盯着钱的话，那你爱一个人的动机就不纯了"、"那些总伸手管男朋友要钱要礼物的女生都是贱货"、"感情不是可以用金钱来衡量的，要用心去感受"、"难道你跟我在一起不开心吗？那你还计较什么"之类的，说得入情入理，难以反驳，完全一副视金钱如粪土的调调。

好学生蚊子又及时发挥了听话、好学的特性，越听越觉得有道理，全程一副顿悟、懊悔的表情，就差为自己方才的不当言行向对方叩头谢罪了。

然后，梁子整整两天没有见她，这对她而言简直是一场空前的灾难。她又买了一大堆他爱吃的东西来到他宿舍楼下，却在电话里收到指示："我现在没空见你，你再回去反省两天——哦，东西你也拎走，别总说我占你便宜。"

被爱的人，是不是都不知道自己的一言一行在对方眼里有多么重要？

5

第二年夏天，梁子突然跟蚊子提出了同居的想法。

"咱们住一块吧，你不是一直也想要家的感觉吗？这样来回折腾，太不方便了。"

起初蚊子是害怕的，从小到大接受的思想教育让她把"同居"和"犯罪"画上了等号。

但爱情的力量是具有"不可抗力"的，在梁子两次三番的坚持下，她还是神情凝重地点头答应了。

"到时候房租我出。"梁子补充道。

梁子很快就找到了房子，甚至都没带蚊子去看过，自己就做决定租下了。

房子不大，典型的一室一厅小居室。有几处墙皮发了霉，屋子里总弥漫着一股子挥之不去的潮湿味儿。蚊子在淘宝上精挑细选了一些风格温馨的壁纸，又从同城易物网站上收了个七八成新的电饭煲，擦擦屋子里几件勉强能用的旧家具，小日子说过就过起来了。

那段时间梁子学校食堂被曝光使用地沟油，媒体把此事炒得沸沸扬扬，掀起了一股"反地沟油"风潮。学生们纷纷向外面的餐馆进攻，但吃的时候也都抱着怀疑的态度。

为了安全起见，蚊子就配合着梁子的作息时间，每天逃一节选修课，提前溜回小家做好饭菜，装在保温盒里，给他发短信，让他中午别忘了回来吃。她自己随便扒拉两口，再赶忙跑回学校上课。

可有时晚上回来，她却发现饭菜并没有动。她就倒在锅里热一热，自己把它吃掉。

"我在外面吃过了。我们音乐社的社长非要领我们几个去吃他新发现的那家韩式烤肉。吃得挺高兴的，我请的。"有时他这样说。

"你做的菜不好吃，还总是那两样。"有时他这样说。

蚊子就开始挤时间照着网上的教程学做菜，微博收藏夹里都是他爱吃的菜谱。可不知道是不是她进步太慢，梁子依旧很挑剔，总是只吃几口。

有阵子蚊子学校有事走不开，没办法陪梁子去西餐厅演出。一天晚上，他肿着一只眼睛回来，嘴角也破了，把蚊子吓坏了。蚊子不停地问他这是怎么了，他也不说话，往地上吐了一口血唾沫，一副生闷气的样子。蚊子笨手笨脚地找来脱脂棉和碘伏，弯着腰，紧张兮兮地给他擦伤口，他一龇牙，她就更不知所措，心疼得都快哭出来了。

原来，梁子在餐厅演出时听到离他很近的一位男顾客在跟同伴说他吹得根本不好，用词也比较难听。梁子哪能忍得了这个，立马停止演奏上前向对方"请教"。那位男顾客也是个暴脾气，三言两语，两人就动起手了。梁子一着急，抡起萨克斯照着那人肩膀就是一下子。餐厅店长陪着去医院拍了片子，诊断结果是肩胛骨轻微错位，让梁子掏医药费和赔偿款。梁子兜里没带那么多钱，只好央求店长先给垫上了。店长又好声好气说和了半天，那人才勉强答应不追究民事责任。

"你不是在打两份工吗？"明明是管蚊子要钱，他却还在用那种听起来很像质问的语气。

蚊子一时不知该怎么拒绝，没吱声。

"我的萨克斯也坏了，得拿去修，很贵——眼瞅着就要到中秋节了，你不是要回家吗，我还打算买两盒好一点的月饼让你给我老丈人和老丈母娘拎回去呢，这里外，都要花钱。"他补充道。

不知为何，"我老丈人和老丈母娘"这样的称呼让蚊子心里淌过一股暖流。她定睛看了看一脸愁容的恋人，咬着嘴唇取来自己的钱包。

"七百够吗……"

梁子抬眼瞅了一眼蚊子的钱包，说："你那不是有那么多呢吗？七百不太够。"

"房东前两天又给我打电话了，这些是我攒着要交房租的。"

"行行行，七百就七百吧，回头我再想想辙——那孙子，竟然敢讹我！"他起身，把钱从她手里抽走又很是随意地放在身边，继续龇牙咧嘴地弄自己的伤口。

第二天，蚊子偷偷地在网上查了萨克斯的价格，确实不便宜。她挑了一款样子跟他现在用的那支很像的，放进了购物车——除了一套纠结了很久也没舍得买的专业书，里面什么也没有。

中秋放假前的那个周四，蚊子上完课直接赶去西餐厅，想说服他跟自己一块回老家过节。到的时候赶上小提琴手正在演奏，她径直去员工区找他，发现他没在里面休息，就打算先解决一下自己憋了一路的小便。从洗手间出来，旁边库房里传来一阵奇怪的声音。蚊子蹑手蹑脚地凑过去，透过猫眼往里看，经过几秒钟的确认，她感觉全身的血液正奔腾着涌向大脑，甚至就要从眼眶里冲出来了。

她看到，身穿今早自己刚刚熨过的那件淡蓝衬衫的梁子，在里面正和一个女生发狂似的拥吻——那个女生，竟是高中毕业时拒绝了梁子心意的小莉。

世界好像一下子坏掉了。蚊子捂着嘴不让自己哭出声来，她突然不知道该怎么办，只好先灰溜溜地离开餐厅，赶回了总是散发着淡淡霉味儿的小家。

那天梁子又是很晚才归。在那之前的几小时里，蚊子脑洞大开地想了很多种可能，不遗余力地说服自己，为梁子开脱。可那该死的一幕偏又毫不留情地在她脑中不断闪现，胸腔随即感受到一阵被巨石撞击般的闷痛。她忍不住哭了好几通，又都赶紧擦干眼泪，平复情绪，生怕梁子突然回来看出她的反常。

他身上总是带着那种她觉得很好闻的烟草味，他一回来，这味道就跟着回来了，让她觉得格外安心。她强撑笑脸，一如既往地掀开桌上保鲜盒的盖子，给他盛了一大碗饭，打算装作什么都不曾发生——或者，安静地等待对方会不会先开口跟自己解释些什么。

事实上，也确实是他先开口的。他把饭碗推到一边，闷着嗓子咳嗽了两声，一副欲言又止的样子，沉默了好一会儿，才在她充满某种期待和注目下，把事情搬到了台面上来。

"我们暂时分开一段时间吧。"依旧是那种理所当然的口吻，就像在下发一道通知。

蚊子刚伸过去要给他夹菜的手僵在空气里，她努力堆砌出的若无其事瞬间垮掉，就那样绝望地看着他，仿佛在请求对方宣布，刚才的话只是玩笑。

"我跟小莉联系上了。我现在很确定，自己是爱她的——其实我考到这儿来，也是为了能再见到她。"他耸了耸肩膀，异常别扭地做了个摊手的动作，接着说，"她一出现，我就拿自己没办法了——你应该会懂那种感觉吧？我也没办法。"

"我也不想伤害你，所以我选择不瞒你，不骗你。"他又补充道。

蚊子一夜未眠。这个原本对一切都充满期待的姑娘，第一次真正尝到了爱情的苦涩。她用尽所有能想到、能尝试的方式来表达自己对他、对这段感情的珍视，不再遮掩地表露内心的悲伤，甚至亲手扯下最后一层尊严的薄纱，极端地向他下跪哀求，却都难以撼动他突变的心意。

情真是这世间最厉害的东西，既能让一个人如痴如醉，热情似火；也能让一个人翻云覆雨，冷漠如冰。

蚊子收拾好自己的东西，揣着一颗被割裂的心，肿着双眼从小家里搬了出来。刚回到学生宿舍，她就钻进了卫生间，拨通了远方家人的电话。

"喂？雯雯，怎么啦？"母亲的声音在手机里响起。

"没……没事啊。就是想你和我爸了……"

"傻丫头，不是过两天就放假回来了吗？妈买了一大堆你爱吃的菜，到时候天天给你做……"

6

梁子和小莉的关系并没有维持太久。过了半个多月，小莉就跟他分手了。梁子无法接受这样的事实，跑到小莉的学校找她理论。

"你敢说你不喜欢我？那上学时你送我那个溜溜球干吗？"他梗着脖子问。

"溜溜球？"小莉被问蒙了，"胡扯，我从来没送过你那东西——我为什么要送你东西？你以为你是谁？"随即冲他翻了个大白眼。

梁子觉得她的表情不像是在说假话。

另一边呢，失恋少女蚊子虽然在很努力地把精神头儿集中在功课上，心里还是难免惦记着那个让她难过的人。这倒给舍友们提供了表现友爱的机会。在充分挖掘各种恋爱过程、分手细节的同时，她们轮番展现安慰人的十八般武艺，却还是被蚊子这名痴心奇女子节节击退。

"我知道他不是狠心的人。他也是怕我受到更大的伤害，才第一时间把他们在一起的事跟我摊牌了。总要比你们以前说起的那种脚踏两条船的男生强吧……"

"他从高中那会儿就喜欢小莉了，两人联系上了，他怎么可能不心动……真心喜欢一个人的时候，真的会拿自己没办法。那种感觉我也是知道的……"

"我相信他是爱过我的。他为我吹过一首他自己写的曲子，虽然他说还没写完，但我感觉可好听了。他还说，那是专门为我写的，我当时感动得稀里哗啦地。我还用手机录下来了，你们要听吗……"

"你们不知道，虽然那房子比咱宿舍大不到哪儿去，但每天晚上吃完饭，我在厨房洗碗、洗衣服，听他在里屋呼呼大睡，伴着细碎的水流声，我都觉得特别美好——真的有一种家的感觉。"

"这些天我晚上都睡不好，梦里都是他来找我和好。他就是那脾气，很倔，说话态度强硬，不会哄人开心……"

嗯，这世上最蠢的事情莫过于，明明是自己被甩了，却还在拼命帮对方找借口。

蚊子挨不过难忍的思念，仍旧找机会偷偷往西餐厅跑，却不见梁子在那里演出。

他不会是怕我再来烦他，不在这儿干了吧？她在心里难过地猜测。

"哦，你说小梁啊？他请假了，上周开始就没来了。好像是遇到啥事，看他脸色不太好——你要是找到他，让他赶紧回来，之前的医药费可是从他工资里预支的，他得干够钱数才能走。"

跟店长打听完情况，蚊子立马给梁子去了电话，打了两遍没人接，第三遍才接通。

"干啥！"梁子依旧没好气，而且他的声音听上去有些怪怪的。

"你……你还好吗？"蚊子小声问。

"好？我好个屁！小莉跟我分手了，我还怎么好！"

蚊子这才听出来，他好像喝了很多酒，舌头都有些打结了。

搞清了状况，蚊子本还想劝他少喝点，那头却不耐烦似的兀自挂了电话。

蚊子的心情是十分复杂的。一方面，她为他俩分手、他恢复单身而感到高兴；另一方面，却又因为心爱之人的颓态而感到心疼——而这份心疼逐渐占据上风，她越想越难过，甚至开始莫名地气愤起来。

她握着手机，脑子里突然闪过一个伟大的想法，便迅速查找通讯录，拨打小莉的号码。

很快就通了。"喂，小莉，我是蚊子——你什么时候有空？我想见你一面……"

电话里沉默了一刻，随即传来一声开朗的笑。蚊子根本没想到，对方竟然什么都没问，特别大方地说现在就有时间。

"你在学校吗？好，那我现在就去你们学校找你。"

她们约在校园里一处偏僻的空地上说话。

"你为什么要跟梁子分手？"蚊子开门见山，她也不知道自己怎么就有了这股子冲动，心里的话好像上了膛的子弹，再也憋不住了。

老同学小莉出落得水灵剔透，虽然一身中性装束，却依然难掩女性魅力。她对蚊子的问话内容不以为然，反而对她的语气来了兴趣："你为啥这么大反应啊？这事跟你有啥关系吗？"她一脸狐疑地看着蚊子。

"他……他没跟你说，原本是我跟他在一起的吗？就是因为……因为你出现，他才跟我分开了。"

原来梁子压根儿就没跟小莉提起过自己。蚊子的心失落得像是有瀑布从上头浇下来。为了给自己和梁子的感情正名，她一口气跟小莉说了很多，从高中时期的青涩暗恋，到同居时的幸福时光，再到分手后的悲痛欲绝。她似乎想以自己的痴情作为筹码，以此证明舍她而去的梁子对小莉的感情有多深厚多可贵。

"他那么好一个人，那么喜欢你，为了你都跟我分手了，你凭什么那样伤害他？"

蚊子没料到小莉竟半点愧疚都没有，反而十分不屑地笑出了声："我凭什么伤害他？就凭他这么喜欢我呀！"

蚊子没反应过来，瞪大眼睛看着她。

"谁说,他很喜欢我,我就不能伤害他了?听你说了这么多,你不也很喜欢他吗?可他不还是随随便便就把你给蹬了?你竟然还有底气跑到这儿来质问我?我是该说你天真得可爱呢,还是该说你蠢得像头猪呢?真替你感到悲哀啊……"

蚊子无言以对。她感到自己的脸就好像被人连扇了一百零八个耳光似的,特别烫。小莉那些话就像掺进心里的碎石子,把她硌得生疼。她终于明白,深情最可贵,却也最廉价。当一个人真正爱上另一个人的时候,那个人就成了自己的主宰。是福是祸,都身不由己。

7

"我想你了,你回来吧。咱们好好过日子。"

两天后,蚊子收到梁子发来的这样一条消息。

或许,爱着的人总是特别容易感动、原谅和相信。蚊子纠结了大半天,却还是不顾舍友们的劝说,大半夜回短信过去:"嗯。"

次日一早,蚊子就带着收拾好的东西赶往那个小家。刚走到楼下,就看见他蓬乱着头发,穿着大背心和大裤头,蹬着人字拖,一脸憔悴地蹲在单元门口抽烟。

"少抽点。"蚊子故作轻松地搭话。

"嗯……"梁子立马把烟头丢在地上，用脚碾了碾。

"你……是在等我吗？"

梁子没回话，接过她的行李箱，走在前面，上了楼。

之前的日子似乎一下子就回来了。蚊子依旧每天给梁子做饭、洗衣服。她的厨艺已有很大长进，他的胃口貌似也好了不少。

她以为，好事多磨，经过这些磕磕绊绊，两个人终于可以开开心心地在一起了。但现实总是不尽如人意，后来发生的一些事情，像猖獗的白蚁般一点一点把她的乐观蛀空，让她又开始迷茫起来。

比如，有天早上，她照常起得比他早。她上洗手间的时候，搁在床头柜上的手机响了起来（铃声就是他给她吹过的那首曲子）。她没办法及时去接电话，可能是吵到他了，他竟然迷迷糊糊地摸到手机，用力随便一扔，撞到墙面，又摔落在地上。蚊子被吓了一跳，进屋后发现手机屏已经碎掉了。而他依旧没有要起床的意思，还不耐烦似的翻了个身。

比如，他们食堂换了新的承包方，解决了之前的地沟油问题，又开始正常开火了。她忘了及时给他的饭卡充钱，他生气，却也不直说，足足给她看了两天苦瓜脸。

比如，有天回来后她发现自己高中时的文具盒被翻出来了，里面的东西也七零八落地摆了一桌子。"你翻我东西了？这里面没有钱。"她一边收拾一边说。他踹了一下椅子，地砖和金属椅子腿摩擦发出刺耳的声音。

"你能给我说说这是啥吗？"他把一块书签大小的透明塑料膜拍到桌子上，没好气地问。蚊子把东西拿过来，叹了口气，想了想，就开始向他解释。原来，这是她上高中那会儿趁体育课教室里没人，偷偷从他平常枕着午睡的衣服上收集到他的几根头发。那时她根本没想过自己能有机会跟他走到一起，只好把他的几根头发当宝贝一样收藏着，心想，就算不能拥有你，至少我还可以悄悄拥有你的一部分……

梁子知道这些后并没有很感动，反而一脸厌恶地说："真可怕，没想到你这么病态！"蚊子伤心极了，她觉得，全世界都可以这样说我，但唯独你不可以啊。

再比如，有天下午在学校时，蚊子突然阑尾炎发作，给他打电话他却怎么都不接，还好舍友及时拨打了120，陪她去了医院。可直到手术做完，梁子也没有现身。

……

直到有一天，因为一堂大课临时取消，蚊子提前赶回小家，撞见他和一个陌生女人在做那种事。她注意到，那女人的一只脚正蹬着自己的枕头，她脑子里轰隆一声，然后就不由自主般迅速逃离了现场。

她跑到楼下，不知道该怎么办，眼泪噼里啪啦地掉下来。她在冷风中站了好一会儿，见那个女人匆匆地走了，这才擦干眼泪，鼓足勇气重新上楼。可能就是在看到梁子那张全无半点悔意的脸的一刹那，蚊子终于做出了一个从未想过的决定。无论梁子在旁边怎么咳嗽叹气，用各种东西弄出各种想引她注意、挑起话题的动静，她都不说话，以最快的速度收拾着所有自己的东西。拎着再度装好的行李箱准备出门时，蚊子突然回头冲那小小的卧室看了一眼，发现自己的枕头已经掉在了地上。她走过去，俯身将它捡起来，拍了拍上面的灰，又扔回一片狼藉的床上，然后不管不顾地离开了这个让她每天想着念着的"小家"，回到了学生宿舍。

　　五天后，梁子到蚊子的学校找她。就像当初她去找他一样，在宿舍楼下打电话叫她下来。蚊子想了想，还是下去了。只见他右手抓着一个塑料袋，里面不知装着什么。

　　看到蚊子下来，梁子突然露出那种从来没有过的讨好的表情。他赶紧打开塑料袋，从里面掏出一个枕罩。

　　"雯雯你看，我把你的枕头拆了，洗干净了。你回来吧。我想你，每天晚上都抱着你的枕头睡不着——不信你瞅瞅我这黑眼圈。"他装可怜似的说，眼里尽是哀求。

　　蚊子盯着他手中那个被抓得满是褶皱的枕罩，什么话都不想说。在眼泪模糊视线之前，转身进了宿舍楼。

8

再次见到小莉，是在差不多四个月之后。两人都是去商场买东西，在一家创意文具店前碰到。

"一起吃午饭吧，老同学。"

蚊子没想到小莉会这样提议。

两个人选了一家气氛温馨的家常菜馆。

"上次是我把话说得太那个了，而且，我也不是有意破坏你俩的感情——我可为此内疚了好几天呢！"小莉眨着眼睛，给蚊子夹菜。

"没有啦……其实……后来我想了想，你说得对。"蚊子自嘲般笑了笑，话锋一转，"所以，我离开他啦——我终于肯承认了，他根本不喜欢我。"

她本想把话说得轻松一点，却反而显得有些刻意。

小莉临时叫了几瓶啤酒，一脸严肃地要求蚊子敞开心胸、放飞自我，把不高兴的事情都说出来，别总憋在心里。

蚊子也放下了乖乖女的架子，在小莉的怂恿下连喝了两大杯，脸立马就红了。

"你知道吗？其实跟他在一起的大多数时候，我都挺不开心的。后来我才想明白，我干吗要因为那么点开心，在他旁边忍受那么多不开心？我干吗要为了那么点甜，不断给自己吃那么多苦？"

"可能是我没谈过恋爱，见识太少了，不知道好的男生是怎么对待自己女朋友的。所以他稍微对我好一点，我就对他感激涕零、死心塌地了。"

"对，这点我举双手赞同！你呀，就是见识太少了！"小莉插话说，眼里流露出几分心疼。

"我觉得他需要找一个更酷、更能跟他玩到一块去的女生——就像你这样的。其实我挺羡慕你的……我也想做你这样的女生。换作是我，我也乐意跟你在一起——不像我，这么笨，只会给他洗衣做饭，把钱省下来给他花，以为那才是爱，以为爱一个人就是使劲儿对他好……但还是不够啊！感情这东西，只凭努力或许真的不够啊，还是需要那么点运气。"

"但我不觉得遗憾，至少我已经那么努力地喜欢过他了。我尽力了。"说完，蚊子又喝了一口酒。

"对了，没猜错的话，他说的那个溜溜球，是你送的吧？他还以为是我送的呢。"小莉问。

"嗯。我当时胆子实在太小了，想送他东西，又不敢告诉他。我在老师办公室帮忙批卷子，顺便偷看了他的周记本——我还记得他把'溜溜球'的'溜'字写错了。"

"那你恨他吗？"

"说真的，撞见那个场面的一瞬间，我真的挺恨他的。我心想，这两个人为什么不去死。但现在我一点都不恨他，反而庆幸离开他——不在谈恋爱的时候遇见渣男，难道还等着谈婚论嫁的时候再遇见吗？犯蠢就犯在年轻的时候吧！我也不知道自己以后还会不会像那样去爱一个人了。但愿我已经把所有的傻气都花在他身上了。"蚊子又给自己满上了一杯，"也是我太自以为是了，以为自己会是终结浪子的那个人。可惜，我注定不是能让他回头的岸啊……"

"哈，真看不出来，你还挺能喝的。"小莉怕她太伤感，故意取笑她。

"不都说，走错了路要记得回头，爱错了人要懂得放手吗。有一次他亲口对我说，我对他的爱是一种病态。嗯，那现在，我的病好了。"

蚊子垂眼看看桌上的菜，又补充道："至少，我的厨艺变好了。"

小莉笑着跟蚊子碰杯："你终于开窍了。"

我的快乐分你一半

1

"喵！说起来挺尴尬的，刚才上班路上想用手机拍一张街景，掏出手机，以为自己有幸拍到了范冰冰——后来才反应过来，我开的是前置摄像头……"

"喵！BOSS昨天问我：'你要不要养老金？'我立马说：'要啊！''好，'他把我领进了财务室，指着一个老头儿对我说，'这位就是老金，以后就拜托你来养了。'"

"喵！真不知道这些骗子到底是咋想的，盗了号就到处找人给充话费。拜托，别说你一骗子了，就算是我本人找他们给我充话费，他们也不会答应的。"

"喵！人这一生，贵在追求和坚持。我一路打拼下来，看着自己手里的二十万变成五百万，再从五百万变成一千万，我想要告诉大家的是：手机像素越高，拍出来的照片越清晰！"

"喵！生活中总有些出人意料的事，比如，你以为我要举个例子。"

……

你以为这是《1000 个冷笑话》选段吗？

不，这是猫咛小姐朋友圈里的内容。

她通常会在每天早上七点半至八点之间更新一条小笑话，而且前面会雷打不动地加个卖萌的"喵"字。

时间长了，这几乎已经成了她为朋友们提供的"早安小福利"：大家一睁眼就能对着手机捧腹大笑，由此开启一整天的美好心情——就连以前上班经常迟到的家伙，为了准时阅读每一天的全新小笑话，都养成了早睡早起的好习惯。

"猫咛小姐"这个称呼由此得来。

说句良心话，猫咛小姐要是安安静静地坐在那儿，凭她麻花辫、瓜子脸的外形，完全称得上是"清新森系女神范"。可她一开口就毁了，语气豪迈，笑话横飞，乐呵起来还直拍大腿儿，分分钟打回原形变成女神经。

所谓"物以类聚，人以群分"，女神经身边自然也该有个男神经——在搞笑犯二这方面，猫咛小姐青梅竹马的"好哥们儿"余大伟，绝对有过之而无不及。

2

余大伟的爸爸和猫咛小姐的爸爸在一个单位，还楼上楼下地住在同一栋员工宿舍。两个孩子从小玩到大，她给他摸过小奶头，他给她瞧过小鸡鸡。

"真丑，都是褶儿。"猫咛小姐当时一脸失望。

"那你还没有呢！"五岁的余大伟迅速提起短裤，赌气似的说，"奶头我自己也有啊——总之我就是比你厉害！有你没有的东西！"

余大伟的这份骄傲一直持续到两人的青春期，虽然再未互相展示，但看着猫咛小姐衣服下日渐隆起的胸脯，撒尿时再瞅瞅自己不愿长大的"弟弟"，他第一次深刻体会到了"风水轮流转"这个词的真正含义。

余大伟自然也经历了猫咛小姐谈过的所有恋爱。

女孩子可以有趣，但有趣过头了就容易被男生当成哥们儿。奔放惯了的猫咛小姐每次都用力过猛，大口喝酒，大块吃肉，嬉笑怒骂，勇于自黑，以自身"男子气概"将男朋友们一一击退，失恋比月经失血还快。

这不，猫咛小姐最近又失恋了。淑女不过两三天的她，在跟男朋友吃火锅起身去配调料时，放了个虽然还算低调但音量也足以被对方察觉的屁。男朋友恰巧是个有洁癖的小伙儿，面对满满一锅刚被加了气味作料的迷之料理，他的内心五味杂陈，以理智和教养努力压抑着想翻桌子的冲动，微笑着说自己临时有事，留她一人独享美食。

"看来哪天我得去趟光复路。"得知此事后的余大伟异常平静地对正在抹眼泪的猫咛小姐说。

"……嗯？去干啥？"

"给你买个气阀啊，跟男人约会的时候得拧紧点——"

还没说完，破涕为笑的猫咛小姐上去对他就是一顿毒打。

"都怪我小时候总跟你进行响屁比赛，害得你无论在哪儿都这么有竞技意识。"

吐槽归吐槽，余大伟还是觉得自己该对此负主要责任——是他把人家好好一姑娘给"带跑偏"了。

"还真是，当感情走到尽头，连放个屁都能成为分手的理由！"

猫咛小姐失恋不开心，余大伟就变着花样逗她开心。

在外面吃饭，他会故意用他的大碴子味东北式英语招呼服务员："Anybody here!"还动不动就当众装成陌生人，搭讪她跟她要电话号码。

她在电话里说自己最近称体重，瘦了不少，他立刻说："肯定是秤坏了，绝对不准。"他告诉她一个APP的名字，说称体重特别精准，她立马下载了，刚要把脚踩到平板电脑上，立马想起了自己青梅竹马的好兄弟是个绝世大逗比的事实，觉得自己还是不要做傻事为好。平板电脑因此躲过一劫。

她的衣服起静电，电了他一下，他问："刚才是来电了吗？"她点头，他又问，"那为啥没有来电显示？"

他们去买两人都特别爱吃的那家核桃酥，排队就排了四十多分钟。天快下雨了，他们拦了辆出租车，说好了回去一起吃。她坐在副驾驶，他拿着核桃酥在后排，没一会儿就听见塑料袋子响，她回头怒视，他立马捂起耳朵，装可爱似的说："听不见，什么都听不见。"把司机师傅都给逗乐了。

他陪她在家看电视剧，两人对男主评价不一，小孩似的吵了起来，他气鼓鼓地说："要是再理你，我他妈就是狗！"可没一会儿，当她开始吃薯片，他就从沙发上弹起来，冲着她"汪汪"叫。

在外面走着走着，他突然指着前面的一座小房子说："喏，你到家了。"她绕到房子正面一看，是垃圾中转站。

某晚睡前收到他发来的微信消息："我被跟踪了。"她有些担心，立马回复："你快跑到人多的地方！摆脱他！"半天没回复，她急得给他打电话，问他怎么样了，他压低嗓音，神秘兮兮地汇报说："我去超市买了根火腿肠给它，终于成功脱险了。""……滚！"

他们四仰八叉地躺在地毯上一起回忆小时候的事，她感慨地说："那时候真青涩啊！"他叹了口气，回应道："你青不青我不知道，一直都很色，这倒是真的。"

……

可即便余大伟这么努力搞笑了，猫咛小姐的情绪还是习惯性回落，隔三岔五就肿着核桃似的一对大眼睛，迎接他新一轮的冷嘲热讽。

"那小子到底哪儿好哇！至于你大半夜不睡觉躲在被窝里cosplay林黛玉？"

"你不懂……我爱他爱得深沉。"

"多认识几个人就好了！少跟我在这儿浪费时间浪费电！"

3

于是，余大伟开始陪猫咛小姐泡吧。

说是陪她去，其实他比谁都嗨，嗨了就开始跳 BigBang 的舞，关键是跳得巨难看——用猫咛小姐的原话说就是："有污凤目！"

最欠揍的是，他跳完了还会跑回猫咛小姐旁边的沙发上瘫一会儿，嘴里还不停抱怨着："好累！跳舞真是太累了！"

"你妹的，谁让你跳了！你快放过这里的所有人吧，您那舞姿实在太辣眼睛了！"

可根本没人能控制住这只"人形哈士奇"，他又拎着酒瓶子去霸占舞池中央了，旁边的人自动为他开道。

结果，每次都是他率先喝多，她还得咬牙切齿地把他拖回去。

"我是谁？我在哪儿？我在做什么……"猫咛小姐频频累到怀疑人生。

酒吧没白去，猫咛小姐果然交到了新男友。

那人是个肌肉男，长相帅气。一天深夜，正当猫咛小姐又准备把喝得不省人事的余大伟运回去时，他主动凑过来套近乎。

"你男朋友？"

"我哥们儿。"

"那……需要我搭把手吗？"

"不用不用，我自个儿能行，我都把他拖回去十多回了……"猫咛小姐马上意识到自己又说错话了，立即害羞地冲那人微笑，又低下头假装很吃力地拽了余大伟的外套两下，想以此挽回险些要"出远门"的淑女形象。

"女孩子家就别逞强啦，我帮你吧。"说着，他已经弯腰去搬余大伟的腋下了。

猫咛小姐心中窃喜，嘴上却说："那好吧……"

相处没几天，猫咛小姐就和肌肉男确定了恋爱关系。

余大伟及时表态，说公司最近签了两个大项目，要开始忙起来了，恐怕没有太多工夫陪猫咛小姐玩耍了。

"你忙你的，不用陪我。"

这么多年，每当猫咛小姐从情伤中重新站起来，她总会对识趣闪开的余大伟说这句话。

我会做个识相的朋友，在你孤单的时候闪电出现，在你热闹的时候默默走开。

4

余大伟消失了好一阵子，直到某天凌晨他接到猫咛小姐的电话。

"谁啊！吵死了！老子起床气很大的！"

她不说话，只是小声啜泣。凭借多年经验，他立马掌握了形势。

"你又没忍住，在人家面前放屁了？"他慵懒地问。

"滚！"电话那头儿简单抗议了一下，随即传来很响亮的擤鼻涕的声音。

"哭你奶奶个熊！等着我！"

余大伟去超市买了啤酒，赶去猫咛小姐家安慰她。他听她颠三倒四地说了半天才搞明白，原来那个肌肉男是这一带有名的"夜店小王子"，和他睡过的姑娘，哪个酒吧里都能揪出好几个来。

"我原本以为，别人是胡说八道的……以为，就算他以前是那样，只要他现在能改邪归正，我也不在乎！可没承想，昨晚我们在外面吃饭，他说他去洗手间，我隔着门亲耳听到他在跟别的女生打电话，还叫对方honey！"

猫咛小姐喝了一大口酒，又接着说："然后我纠结了好一会儿，最后还是没忍住，问他刚才在洗手间里是在跟谁说话，我说我都听见了——结果你猜怎么着？"

"他说对方是个男人？"

"我宁愿对方是个男人！他竟然连骗都不愿意骗我，直接跟我摊牌了，说电话里的那个人是他女朋友，在一起快一年了，感情很好！"

"靠……这孙子。"

"唉——你胳膊这儿怎么肿起来了？我看看。啊，是硬的，你最近在健身？"

"额……楼下有人发传单说正在搞活动，办卡便宜，我就随手办了一张玩——你别打岔，接着说啊……"

那两天晚上，余大伟总去那个酒吧转悠，酒也不喝了，就四处寻摸那渣男。被余大伟找到的时候，他正躲在一间小包房里跟另一个男的说猫咛小姐的坏话。余大伟站在裂着缝的门外，本想再听听他们在白话些什么，可一听到那家伙说她"装纯""活儿不好"，他就再也忍不了了，踹开门就冲了进去。

好巧不巧，当天夜里猫咛小姐心郁难舒，打扮得当跑到酒吧想看看肌肉男在是不在，想给对方最后一个挽回天赐良缘的机会，结果在大厅撞见正被酒保往外请的三个男人。

"呀！怎么了？谁把你打成这样啊！"余大伟本以为猫咛小姐会先来关心自己，结果她却径直跑向了前男友——虽然一挑二的余大伟伤得比较重。

"呸！问他。"肌肉男吐了口血唾沫，恶狠狠地瞪了余大伟一眼。

猫咛小姐的伶俐劲儿这会儿上来了。迅速搞清了形势的她，立马将炮火对准了肿着一只眼睛的余大伟："你发啥神经啊！干吗把他打成这样啊！我自己的事自己处理，谁让你多管闲事了！"

呵，不瞒你说，其实有时候，我也不知道自己在发什么神经。

5

余大伟想找机会跟猫咛小姐表白，升华一下革命友谊。他寻思着，老子等了这么多年，轮也该轮到我了吧。可他瞧着猫咛小姐被渣男伤后整天一副失魂落魄的样，又转念一想：不行，还是再等等，等她差不多过去了这个劲儿，我再把心意告诉她——要不然我这不就成了乘人之危吗？就算她接受我了，谁知道她是不是真心喜欢我。嗯，再等等，九十九拜都拜了，不差这一哆嗦！

于是他就继续陪她养情伤，依旧每天嘻嘻哈哈逗她开心。眼瞅着要到"双11"了，他觉得时机也差不多成熟了，就琢磨着当天向她告白。

他为此事先给自己买了一身新衣服，又去屈臣氏选了瓶男士香水。去找她之前，他在家沐浴更衣，照着说明书给自己喷香水，结果没控制好量，喷多了，有些呛鼻。他只好又去附近的公园里遛弯儿，边走边在心里演练那句自己想了好久才想出来的台词：每年"双 11"都正巧赶上你单身，然后我就陪你在网上各种领券、比价、血拼，要不今年咱俩别过光棍节了，憋一个半月，一起认认真真过个圣诞节，可好？

他越练习越佩服自己，觉得自个儿活脱脱就一情圣啊。在冷风里溜达了半个多小时，身上的香味散得差不多了，他这才紧张兮兮地往她家赶，那心情，就像第一次去首都，凌晨四点跑到天安门前看升国旗似的。

走到她家那栋楼的拐角处，他赶紧又退回两步——他看到她正在楼下跟一个身材高挑的男人拥抱。拥抱过后，男人上了停在旁边的一辆路虎，她站在单元门口一脸灿烂地冲车子摆手。

那一刻，余大伟泄气了。他突然觉得，即便自己天天围着她转，充当她的开心果和出气筒，又有什么用呢？人家找的男朋友，个个都比自己强太多了。

路虎开走半天了，猫咛小姐也早就上楼了，余大伟却红着眼眶愣愣地站在那里，怎么也迈不开步子。

猫咛小姐和新男友齐永感情很好。齐永沉稳、细心，很有风度，两人在一起时，他的目光总是黏在她的身上，温柔得不得了。

余大伟把这一切看在眼里，心中五味杂陈。一方面，他庆幸猫咛小姐终于碰到了一个好男人；一方面，他又隐约觉得，或许这回自己真的彻底没有机会了。他被这种酸涩、焦灼的情绪缠绕着，却拿出人生十二分演技，装出一副满不在乎的样子。要说有什么反常之处，可能是他这一次并没有及时撤退，竟当起了电灯泡，就在他们身边盯着守着。

你不幸福，我不放心；你幸福了，我却开始闹心了。
你能不能告诉我，我这是怎么了？

6

第二年开春，齐永要带猫咛小姐去张家界玩。余大伟本想同行，无奈公司在请假这块卡得很紧，只好作罢。出发前，余大伟在网上查了各种旅游攻略，把觉得有用的都打印了出来，还用彩色笔做了重点标记，嘱咐猫咛小姐千万别乱吃东西，别被小商小贩忽悠买太多死贵的纪念品，要是害怕就别上玻璃桥和栈道……

他还从网上买了一对橡胶门阻，煞有介事地教她怎么用："晚上睡觉前，你这样把它塞在门底下，就算有坏人弄开了你的门锁，他力气再大也推不动门——这玩意儿阻力可大了，我们单位女同事出差时都带着这个，你一定要记得用。"

这时，在旁收拾行李的齐永说话了："没事，又不是她一个人，不是有我在吗？"

"对啊，你别担心，有永永呢！"

　　余大伟每天数着猫咛小姐的归期。头两天他都打电话过去问她玩得怎样，可每次都说不了多大一会儿，那头就喊累，要洗澡睡了——有一次，他还隐约在电话里听见齐永在催她什么。后来他不打电话了，就安安静静等她回来。

　　可到了约定好的那天，他去机场接机，却没有见她回来。他打电话过去，才得知原来他们玩嗨了，她又跟公司把年假事假各种假一股脑儿都请了，打算再顺道去橘子洲和岳麓山多玩几天，忘记打电话跟他说了。

　　"玩玩玩，玩你奶奶个熊！这家伙还把你带野了，找不到东西南北了都！"余大伟气不打一处来地挂了电话。

　　第二天上午，正在上班的余大伟意料之外地接到了猫咛小姐的电话。

　　"唉，哥们儿，求你件事呗。"

　　"咋了？"

　　"前几天我俩游凤凰，看那儿的猕猴桃挺好的，我一时没控制住，就买了四大箱，寻思给家里亲戚尝尝鲜。就是太沉了，发快递不划算，我就走物流了。好像今天已经到了，你抽空帮我去取一下呗——你自己留一箱，剩下的你堆我爸妈家去就行，OK 不？"

"那我还能说啥……"

"妥嘞！我刚才已经把物流地址发给你了，你看一下微信！"

　

八天后，猫咛小姐和男朋友尽兴而归，在外面吃饭的时候，她问余大伟："你怎么戴上帽子啦——对了，我正要问你呢，我的猕猴桃呢？我爸妈说你没送过去啊！"

余大伟支支吾吾，只顾吃东西。

"唉？问你呢！"

"丢……丢了……"

"丢了？咋能丢呢？物流给整丢了？"

"不是，跟物流没关系。是我不小心给整丢的。"

"靠，你跟我开玩笑呢吧？我都提前打电话跟我大姨和二舅妈说了给他们买猕猴桃的事了，这我可怎么交代啊？"她撇了撇嘴，"早知道不用你了，净耽误事……"

"去水果店再买两箱送过去吧，就说是凤凰产的，也没啥区别——钱我出。"说完，余大伟闷了一杯酒。

7

猫咛小姐过生日那天，齐永给她买了个海绵宝宝图案的翻糖蛋糕，还送了她一件漂亮的镂空蕾丝长裙。余大伟不会挑礼物，往年送她的生日礼物都是电热泡脚盆、菌菇礼盒、成组的工夫茶具、一套中国象棋之类的，均被猫咛小姐第一时间转赠给自己的老爸老妈。后来余大伟就得到了她的"特赦"：你甭送我东西了，就发挥下你三脚猫的厨艺，给我做些我爱吃的菜吧！

于是，这年和前几年一样，余大伟起了个大早，去早市买排骨，选活虾，东瞅西逛又买了两大兜子菜。猫咛小姐还没起床，他就已经杀到她家，开始在厨房准备了。被吵醒的猫咛小姐又睡了个回笼觉，正式起床后也挽起袖子想要帮忙，却被他明令禁止："寿星老儿您就别给我添乱了，要是实在闲不住，下楼多跑几圈空空肚子，待会儿多吃点！"

齐永到了没多久，余大伟终于忙活完了，他扎着粉红色的Hello Kitty 围裙，戴着屯气十足的碎花防烫手套，把整个上午的成果一一端上餐桌。糖醋排骨，清蒸鲤鱼，红烧杏鲍菇，爆炒西兰花，油焖大对虾，紫菜蛋花汤，还有一道爽口沙拉——都是猫咛小姐从小最爱吃的。

"你不是说他的厨艺是三脚猫功夫吗？"齐永咽了下口水，小声问。

"我那是怕他骄傲。"猫咛小姐凑到他耳边说。

生日蛋糕摆在中间,猫咛小姐闭眼许愿,吹完蜡烛,余大伟突然摆出天线宝宝的招牌动作,嗲着嗓子,很开心地对她说:"不容易啊,你终于从六岁长到七岁啦!"

猫咛小姐被他逗笑了,赏了他一个大虾。

"你刚才许了什么愿啊?"余大伟边剥虾边问。

"生日愿望说出来就不灵了。"齐永剥掉一大块翻糖皮,插话说。

"切,封建迷信。"余大伟把虾头一把扭掉。

"快吃你的吧!小心一会儿我把大虾全扫光,让你今年也捞不着几个!"正在狂吃大虾的猫咛小姐对余大伟说。

一个多月之后,在一次朋友聚会上,猫咛小姐在 KTV 包厢里郑重宣布,她之前的生日愿望真的要实现了——她和齐永已经见了双方父母,订了婚,还找高人给算好了日子,明年"五一"结婚。

说完,猫咛小姐牵着齐永的手,一起为大家唱了一首甜甜蜜蜜的《今天你要嫁给我》。

屋子里的人各种怪叫欢呼,有人甚至已经在讨论红包该包多少了。只有余大伟拎着酒瓶子呆坐在那儿,看着一脸幸福的猫咛小姐，在这场喧嚣里悄悄红了眼眶。

不是说，生日愿望说出来就不灵了吗？靠，你还不是说给他听了。

原来你俩合伙儿欺负我。

8

一天下午，余大伟出去扔垃圾，在楼下碰到了齐永。

"她没在我这儿。"

"我知道，"齐永犹豫了一下，"我是来找你的。"

上了楼，余大伟浑身不自在，他进厨房涮了涮茶壶，尴尬地问："想喝什么茶？金骏眉还是碧螺春？"

"都行。"

余大伟刚把茶壶端上来，就听见齐永没头没脑地来了句"你是喜欢她吧？"

余大伟正在倒茶的手颤了一下，抬头愣愣地看着他，不知道该说什么好。

"你就别装了。"齐永故作轻松地拍了下腿，随即躬身拿起茶几上的一杯茶，抿了一口。

沉默了两秒。

"呵，是！我喜欢——从小时候我就一直喜欢。"余大伟又给自己倒了一杯茶，拿在手里往沙发上一靠，"可喜欢又有什么用？连你都看出来了，她自己却看不出来。"他苦笑。

那天余大伟如数家珍般说了很多关于猫咛小姐的事，她喜欢什么，讨厌什么，高兴的时候是什么样子，生气的时候又是什么样子……他越说越起劲儿，眼里还闪着光。

"你有没有发现她从来不吃橘子？因为小时候有一次她被她爸冤枉说她偷吃了橘子，她气性可大了，委屈得大哭了一场，谁哄都不好使，晚上都没吃饭。从那以后她就不吃橘子了，就好像在跟谁赌气似的——"他笑了笑，"其实橘子是我吃的，过了好几年我才敢告诉她"。

"她贼爱吃虾，这你也看到了。我就给她起了个外号叫'虾虎'，她却说我骂她又瞎又虎，哈哈哈，拿这个文盲没办法。"

"她要是生气了，你就扮演天线宝宝说话，她准笑——这是她小时候形成的奇怪笑点，我也说不清究竟哪里好笑，但就是管用。"

"别让她接触喇叭花，她对那玩意儿过敏。"

"说出来你可能不信，她从来不会算例假的日期，从青春期到现在，一直都是我在帮她算，事先提醒她贴'大创可贴'，我要是忘告诉她了，她第二天早上一准儿躺在血泊中——你可别告诉她我把这个秘密告诉你了啊，她该揍我了。"

"……所以，你记不记得有一天晚上，你精心策划把她约出去想把她'拿下'，我一点都没阻止——因为那天她'大姨妈'才来两天，我放心极了，你们不可能咋样。你们前脚走，我后脚就给她发了短信：大姨妈还没住够。"说着说着，他自己笑起来了，还指着齐永说，"哈哈哈哈，我就料到你会是这种表情！"

……

过了一会儿，余大伟干脆把茶撤了，从冰箱里拿了啤酒和红肠，和齐永边喝边唠。几乎都是他在说话，齐永也不知道该说些什么好，就静静地听他讲。

齐永临走的时候，余大伟突然语气一转，一本正经地说："那个……你放心，我知道你是真心对她好，虽然我不想承认，但你俩在一起，确实挺好的……"他挠着头，低着脑袋望着别处，就像在地上寻摸什么似的，"她不爱我，一直都是我癞蛤蟆想吃天鹅肉——所以你放心，我绝对不会影响到你们。绝对不会。"

齐永愣愣地看着他，不知该怎么接话。只好伸手过去拍了拍他的肩膀。

一个人，到底要有多悲伤，多灰心，才能对自己的情敌说出那样的话啊。

9

余大伟以伴郎的身份参加了猫咛小姐和齐永的婚礼,还给他们包了一个大红包。那天他到得特别早,忙东忙西,里外吆喝,累得满头是汗。猫咛小姐看见了,让他歇歇,他偏不,还说,终于把你抛仓出去了,作为你的娘家人,我得给你好好张罗着。

那天他表现得比谁都开心,领头起哄让二位新人"亲一个"的也是他。可等到猫咛小姐在台上发言,说要特别感谢她青梅竹马的好朋友余大伟时,大家却发现他不见了。

没过多久,余大伟突然宣布,他已经辞了职,办好了新西兰的打工度假签证,要出去闯一闯,看看外面的花花世界。

猫咛小姐和齐永去送他,进安检前,余大伟问她,我能抱你一下吗?还煞有介事地看了一眼齐永。猫咛小姐特别用力地把他抱进怀里,他没哭,却听见她哭了。

"哭你奶奶个熊,这可不像你啊。"

猫咛小姐不说话,就靠在他身上继续哭,把他搂得更紧了。

一向嘻嘻哈哈的他却突然手足无措,像个木头桩子似的戳在原地,静静地等她哭完。

"交代你个正经事,偶尔替我过去看一眼我爸妈。"

她使劲点头,抽着鼻涕说:"你放心,你爸妈就是我爸妈。"

余大伟离开的第二天，猫咛小姐收到了一个快递，里面有一封信，还有一整套《小忍者》漫画。

猫咛小姐打开信，是余大伟特别清秀、工整的字迹：

亲爱的虾虎同志：

当你读到这封信的时候，我应该已经奔向资本主义的怀抱了。

如今你已嫁作人妇，终于有人从我手中拿走接力棒，深度挖掘你的下半生灵魂了。脱缰的我也要去另一块土地散播欢笑散播爱了。

你还记不记得，小时候有阵子你妈逼你学珠脑速算（我这可不是骂你啊），放学后就命令你在家扒拉算盘，她自己却跑到隔壁王婶家打麻将。我就替你留意她的动静，看她进入了状态，就在你家门口学猫叫，叫你出来去我家里玩。后来这就成了咱俩之间的暗号，只要我想你了，想找你出来玩，就在你家门口"喵"几声。

你肯定忘了吧？我知道你智商余额不足，要不几年前我第一次给你发笑话加"喵"字的时候，你咋没啥反应？还骂我卖萌可耻。你记性到底是有多差啊！

以后每天早上我就不给你发笑话了，你"猫咛小姐"的江湖地位就靠你自己维持了，千万别露馅啊。

现在想想，我觉得自己也挺牛逼的，连续一千多天跟你对暗号，成为每天第一个对你说"我想你"的人，应该是我这辈子能做得出来的最有情怀的事吧。

还有，这套《小忍者》，大概是我在七岁的时候欠你的。这是咱俩小时候最喜欢的漫画了，每次都攒了很长时间零花钱，你我合资去报刊亭偷偷买一本来看。看完还被你霸占，一本都不让我保管。你倒是藏个好地方啊，结果被你妈从衣柜底下翻出来，全给撕了。你当时哭惨了，我为了安慰你，就说长大后哥有钱了，给你重新买，买全套。当时你还不放心，逼我写了张欠条。你肯定早把欠条整丢了。我压根也不指望你那脑袋瓜子能记得这件事。

那时候我最喜欢看你趴在我家沙发上，一边用勺子吃豆奶泡饼干，一边看漫画。你都不知道吧，每次我都没心思看漫画，净看你了。小时候的你有点婴儿肥，吃东西时下巴的肉一抖一抖的，老可爱了。你一被你妈喊回家，我心里就特失落，所以就立了个志向：长大我要娶你做老婆，把你留在我们家，每天给你冲豆奶，泡饼干，什么都不让你干，就让你趴在沙发上看漫画。你看漫画，我看你。

其实对于很小的时候发生的事，大家一般都记不住多少。我记性也没多好，但却记得特清楚。可能是因为那些过去里，都有你在吧。

虽然我不想承认，但我不得不说，齐永还不错。至少比你之前喜欢的那些渣渣强多了。

可能这就是命。那次你失恋严重一蹶不振的时候，我之所以带你去泡吧，其实只是不希望你整天猫在屋子里。你以为我真那么好心，让你在那儿结交什么男朋友啊？我哑，酒吧里认识的，能靠谱吗？用脚趾盖思考也是那个理儿啊！

所以我每次都尽快把自己灌醉摇蒙，然后再让你不得不把我拖回家。让别的男的没机会单独约你出去。我还想着，没准儿哪天我能借着酒劲儿跟你表白，或者要是更顺利的话，正好你也喝了点酒，被我的真情告白一感动，咱俩能酒后乱个性啥的（哦耶，这回你生气也打不着我了，哈哈哈）……

好吧，天不遂人愿，哪知道半路杀出个龟孙子，还欺骗了你的小感情。这件事，我有责任。

好在后来齐永及时补位，算是老天爷给你发了个安慰奖。他就比我快那么一步，差一点我就要跟你表白了。我知道你是个肤浅的人，就凭我这帅气的外形和爽朗的气质，要是我真出手了，肯定就没他什么事了。

我知道，能让你真正幸福的那个人，或许从来就不是我。但我想告诉你，在你身边的这些年，我都过得很幸福。逗你开心的时候，看见你笑，哪怕你只是瞪了我一下，我心里都觉得爽，觉得自己没白耍宝。

你千万别认为我可怜，实际上，我对你的爱已经成了一种习惯。我做的一切，不仅仅是为了让你开心，也是为了让我自己开心，一点也不伟大。

我就是想对你好啊，戒不了，忍不住。一开始我还稍微挣扎了一下，但你知道的，我这人，没什么毅力，后来就索性不控制自己了，死皮赖脸黏着你，强行把我的快乐分你一半。

希望没给你带来什么困扰啊。

咱俩没在一起也好。我都已经把你的上半生带跑偏了，不能再继续祸害你了。要不咱俩早晚得去德云社报到。

以后你自己算着点大姨妈来串门的日期吧，你毕竟是个女的啊，这些最基本的技能点，你得尽快加上啊，不能总拿自己脑子有坑当借口（大创可贴别买冰感的，那玩意儿对身体不好）。

我本以为，给你看过了小鸡鸡，承包了你的大姨妈，把你带上了女神经的不归路，还带你去酒吧认识了人渣给你造成了心灵创伤，我就该对你负责一辈子的。现在看来，也用不着我了。可算让我省省心。

咳，咱俩的关系，说多了都是马赛克。千万别让齐永知道咱俩那点事。要不我真担心他发个国际快递给我寄刀片。

行啦，就这些吧。老子手都写麻了。

写这封信呢，没啥目的，没啥企图。我只是为了一吐为快，算是解开自己的心结，不想憋憋屈屈地离开。

你可不要太感动哦。别我前脚走，你后脚就跟齐永闹离婚。我可不要结过婚的女人。早想啥来着。

有些事，你知道就行了，然后就当没看过这封信吧。千万不要就此信回复任何内容给我，一个字都不要回复。算我求你。从今往后，我们各自天涯，还是青梅竹马的好兄弟。

跟他好好过。你们抓点紧，最好在我回国的时候，你们已经把干儿子给我造好了。

不用结婚就喜当爹，我占了多大一便宜啊！想想就高兴。

跪安吧。

你大伟哥我

10

　　猫咛小姐的朋友圈仍继续更新着小笑话，前面依旧雷打不动地加了个"喵"字。只是有群众反映，最近选取的小笑话貌似不如从前好笑了。

　　猫咛小姐和齐永过着幸福甜蜜的婚后生活，两人正为"造人计划"做着各种准备。

　　余大伟在电话里说，他在新西兰交了个四川籍的留学生女友，他打算凭借自己的毕生所学，把对方培养成一个优秀的女神经。可每次管他要女朋友的照片，他都不给，也不知道这事到底靠不靠谱。

　　但无论怎样，大家都在前进，慢慢活成自己期待的样子。

　　一天下午，猫咛小姐去看望自己的父母，多上了一层楼，先去余大伟家里看看。

　　余大伟的妈妈正在整理闲置物品，锅碗瓢盆，书本报纸，从屋里摆到走廊。猫咛小姐撸起袖子开始帮忙。收拾塑料花的时候，她转身踢到了地上的搪瓷脸盆，发出挺刺耳的声响。

　　"呀，这种盆子现在可不多见了。"

　　"是啊。我和你大爷结婚的时候买的，全新的，一直也没舍得用。就前年大伟住院，我带过去用了几天。"

"大伟……住院？前年啥时候？我咋不知道呢……"

"就开春那阵——他没跟你说吗？"

"没……"

"他不知道帮谁去拉水果，让我到楼下老李头那儿帮他借用下三轮车，结果半路被一辆小面包给撞了，头磕破了点皮，脑震荡，住了几天院，倒是没啥大事——最可气的是，他被送到医院那会儿工夫，趁着人多慌乱，那几箱水果不知道被谁给端走了。"

"哦……"猫咛小姐若有所思。从余大伟家出来的时候，她的眼睛里起了雾。

妈宝男拯救计划

1

"好的，妈妈，我这就回去。"

看着薛晨挂掉电话，扭头冲自己一笑，晓晓心想，完了，又是这样。

薛晨和晓晓是在朋友聚会上认识的，那阵子才开始流行玩"三国杀"，刚刚搞懂规则的几个人跃跃欲试，为了凑够人数，原本对桌游完全不感兴趣的晓晓硬是被拉了进来。

结果，晓晓连续三局都是"主公"，身边的薛晨也一直是"忠臣"，他使尽浑身解数护她周全，频频"壮烈牺牲"。到了第四局，晓晓依旧是"主公"，薛晨也仍然处处保着她，还故意让她使用"顺手牵羊"顺走自己的抢手装备。可当他"阵亡"后翻开身份牌，所有人都傻眼了——他竟然是个"反贼"！

薛晨对此的解释是，自己当"忠臣"当出惯性了，完全忘记了自己的真实身份。可另外两名"反贼"根本不买账，联手对他进行了一番殴打。薛晨立马皱起浓黑的眉毛，装出负伤者的口吻，伸着手对晓晓说："主公，救我……"

众人笑喷。

一米八三的个头，一头深棕色小卷发，浓眉大眼，皮肤白皙，并不近视，却故意戴着一副哈利·波特式的黑色镜框，喜欢抿嘴卖萌，笑起来的时候有两个明显的酒窝——怎么看，薛晨也是受女孩子欢迎的那种类型吧……

所以，当他向晓晓索要微信号，并表明自己单身时，晓晓心里还是忍不住产生一种惊喜的感觉：星座书上说我本月有桃花，难不成就是他！

他们进展迅速，不出两周就确定了恋爱关系。在感情方面，晓晓是个缺乏安全感的姑娘，和薛晨相处下来，她又更加惊喜地发现，对方竟如此顺从自己：无论是吃什么、去哪儿玩，还是早晚问安、定时打电话汇报行踪，他都完全按照她的意愿来，且毫无怨言——这种言听计从和好控制，对晓晓来说简直就是致命的吸引。

　　事情很快就出现了"瑕疵"。晓晓发现，男朋友除了黏自己，还特别黏他妈：不陪自己的时候，他会不时打电话过来报告自己在哪里、在干什么；可陪自己的时候，他也会不时打电话过去向他老妈做同样的汇报。

　　这让晓晓感觉自己的恋情正在被别人监控，说的每一句话、做的每一件事，都会被这种实时电话连线给"直播"出去……

　　为了消除这种不好的感受，她曾向男朋友提过这个问题，而对方的回应是：这个习惯从自己上初中家里给买了一部手机时就有了，妈妈这么做也是因为爱我、担心我的安全，妈妈在家很无聊的，把我们恋爱的喜悦分享给她，又有什么不好呢？再说了，我不会傻呵呵地把恋爱的所有细节都说给妈妈听的，也还是会有所保留的……

　　好吧，理由真是要多充分有多充分。晓晓一想也是，这对两个人的恋爱其实也没有多大的影响，自己也只是遇到了一个跟母亲关系很好的男朋友，母慈子孝，其乐融融，多么和谐的氛围啊，何必要去破坏呢。

　　然后她就再也没提过这件事。

可随着交往的深入，男朋友的一系列表现让晓晓越发傻眼——以至于，最后她终于不得不承认，自己竟"有幸"摊上了一位传说中的"妈宝男"。

比如，除了打电话，他每天还要和妈妈发无数条短信，无论遇到好事坏事，都要第一时间告诉妈妈。

他每天晚上必须在九点之前回家，稍晚一点就要被他妈妈夺命连环 call。

他很没有主见，遇到问题不知该如何解决，晓晓给出的主意他又信不过，每次他都故作镇定地说："给我一分钟，我打个电话问一下妈妈。"

哪怕在白天，无论他身在何处，只要他妈妈打电话召唤他，他都会不管不顾地立马奔回妈妈身边，且丢给晓晓一句"不行，我要是不赶回去，妈妈会生气，会伤心的——老婆大人你宰相肚里能撑船，就体谅一下她老人家嘛"。

逛街过程中他也时刻不忘记自己的妈妈，不断兴奋地说："我妈妈会喜欢这个""这个买回去送给她，她一定会夸我"。

......

除此之外，他在和别人交流的过程中，会贯穿着无数个"我妈妈""我妈说"：

"我妈妈不让我吃葱姜蒜，她说会长痘痘的。"

"我妈妈年轻时可漂亮了，现在也是个老美人儿，有机会带你去见见——她很好相处的，你一定会很喜欢她的！"

"我妈妈从来没让我饿着过，那些早晨不吃饭就跑去上班的人，是不是童年都没人照顾，没养成吃早餐的好习惯，以后身体肯定会完蛋的。"

"我妈说我不适合穿深色的衣服，因为我皮肤太好，会显得过白。"

"我妈说穿超短裙的女生都不是正经女生，底裤都要露出来了，成什么样子！每次在电视上看到这样的女生，她都要批评一通。"

······

"我妈说不让你天天花我钱，你也是上班的人了，又不是没收入——当然啦，你要是不高兴，就当我没说过——但我妈确实是这样说的。"

嗯，感觉革命形势并不如想象得那么简单啊，为什么他妈妈说的每一句话我都不知道该如何反驳呢，隐约觉得这场恋爱会谈得很有意思呢······晓晓忍不住在心里犯嘀咕，一边强撑笑脸为这份母子深情点赞，一边拼命乐观地催眠自己：没事啊，问题不大，你是个有教养、有文化的新时期好姑娘，要懂得尊重对方家庭成员间的相处方式，别往不开心了想……嗯，这些只是暂时的，以后你们住在一起了，结婚了，他就会开始独立了，没事的，小不忍则乱大谋啊……

2

晓晓对自己的心理建设一直很管用，直到她见到了薛晨他妈妈本尊。

"圣母皇太后"竟然传唤她到家里吃饭。得知消息的时候，她正在吃冰粥，由于受到惊吓，她把冰粥喷了一桌子，一颗葡萄干蹦到了薛晨的胳膊上。

"靠，你还真是受宠若惊啊。"薛晨眨了眨眼睛，冲一脸蒙逼的晓晓说。

首次"觐见"当晚，下班后的两人在晓晓单位楼下碰头，再一起赶往薛晨家。

经过前一个晚上和一个早上的翻箱倒柜、反复搭配，晓晓原本选定了一件桃红色连衣纱裙，穿着就去上班了。可上午开会时，她突然想到薛晨的妈妈十分反感女生穿超短裙，不知道自己身上这件的长度是否算得上"正经"，虽然又连续征询了两个同事的意见，但她心里还是拿不准——为了安全起见，她没吃午饭，打车来回，利用午休时间回家换上了一件七分袖纯白 T 恤和水洗蓝九分牛仔裤——热就热点吧，至少这样保守、朴素些！

去薛晨家的路上，晓晓心里还是很紧张，不停询问他妈妈的各种喜恶，就像个认真备考的学生，进考场前还不忘再多记两个要点。

走着走着，薛晨突然停下了脚步，晓晓回头问他怎么了。

"难道你就空着手去拜访我妈妈吗？毕竟是第一次见面……"薛晨皱着他浓黑的眉毛认真地说，一句话把晓晓噎得半天反应不过来。

"额……对对对，是我欠考虑了……"如梦初醒的晓晓涨红着脸，赶忙左瞅右看，立马指着马路对面说："幸好这儿有个亚泰超市，时间应该还来得及。"

于是她买了一箱进口脐橙和高级纯牛奶。在薛晨碎碎念式的嫌弃下，又追加了一套中老年无糖型核桃粉。

一进门，一个烫着卷发、身材臃肿、穿着绯红色薄凉衫的中老年妇女就尖叫起来："天呐，晨晨你快放下！"然后，她以迅雷不及掩耳之势把薛晨手里那套核桃粉夺了过去，晃了晃又说，"也真是的，怎么能让你拿这么沉的东西！"

两手分别提着橙子和牛奶的晓晓跟在薛晨身后，这样的差别对待让她感觉自己像风像云像空气，还没来得及开口打招呼，就在精神上受了一记暴击。

晚饭比晓晓预期得要简单许多：一小盘宫保鸡丁，一大盘清炒豇豆，一锅有些凉掉了的鱼汤，一屉熥好的山东刀切馒头。虽然也没妄想能吃顿大餐，但现实和想象之间的巨大差距还是让因为提了很多重物所以此刻很饿很饿的晓晓有一点失落。

"晨晨你洗手了没有？"薛晨的妈妈问。得到答复后，她一秒收起笑容，又扭过头面无表情地对晓晓说："快吃吧。"

晓晓很少吃面食，也几乎不吃鱼，刚想向宫保鸡丁伸筷子，他妈妈立马抢过薛晨的碗，另一只手抄起勺子，迅速往里面盛了四大勺宫保鸡丁，边盛还边念叨："晨晨你多吃点啊，你工作那么辛苦。"

从未见过这架势，晓晓内心是崩溃的。她伸出去的筷子在空气中尴尬地停留了两秒，看着瞬间消失半盘的宫保鸡丁，她只好改变方向，去夹豇豆。豇豆还未放进嘴里，身旁这位伟大的慈母又迅速为他的宝贝儿子盛了一碗鱼汤……

而作为男朋友的薛晨，好像突然意识到了自己女朋友被冷落的尴尬，往嘴里扒了一口宫保鸡丁之后，立马为晓晓夹了一筷子豇豆——是的，你没看错，他夹的确实是豇豆！而且还看了一眼他妈妈的脸色！

好温暖，好感动，可为什么就是不知该如何摆放自己的表情呢……晓晓愣愣地看着碗里增多的豇豆，吃还是不吃，如何自然地放进嘴里，如何从容地进行咀嚼，这些都成了新的问题。

好在，英明神武、洞察人心的"圣母皇太后"终于又发话了，她脸上挂着笑意，用一种充满慈爱的口吻对晓晓说："孩子，阿姨今天太忙了，就没来得及多做两像样儿的菜。反正阿姨也没把你当外人，咱就自家人坐在一起吃点粗茶淡饭——你别拘束，多吃点啊。"

"……好。"晓晓木讷地回答，连忙嚼起豇豆来。

而薛晨那宛如摆设一般存在感超低的老爸，除了跟晓晓偶尔对视时的微微一笑，自始至终也没说过一个字，吃完饭后又独自钻到某个房间里去了。

看得出来，他跟妻子和儿子的关系都不太亲密，在这个家里似乎扮演着无足轻重、可有可无的角色。

真是奇怪的一家人。

晓晓抢着帮忙收拾了碗筷，然后三个人坐在客厅里聊天。薛晨母子紧挨着坐在一起，把晓晓孤立在长沙发的一端。看着自己的男朋友在母亲面前像小孩子一样撒娇卖萌，晓晓胃酸暗涌，头皮发麻，完全不知道该说点什么，呆坐在那里浑身不自在。

"诶，对了，""圣母皇太后"再度救晓晓于危难，率先抛出话题，"你也看见了吧，我们家陈列柜上摆的都是晨晨从小荣获的各种证书和奖杯。"

说着，她扒开薛晨挽着她胳膊的手，起身从柜子上拿起证书和奖杯，依次向晓晓展示：

"这是晨晨小学一年级被评为三好学生的奖状，他一入学就是班级里的骄傲，哪个学年评奖都落不下他。"

"这是晨晨五年级参加市里艺术节得的奖杯，他的画得了一等奖，全区也就两个名额。除了证书和奖杯，还奖励了一件文化衫呢！"

"这是他的硕士学位证书，我和他爸都是学士学位，他比我俩都有出息——诶？你是啥学历？哪个学校毕业的？"

"这是他参加工作后得的集团奖励，他们部门就他自己，厉害吧？"

......

晓晓绷着身子，微微前倾，半个屁股坐在沙发上，认真听眼前这位红光满面的母亲介绍自己宝贝儿子的光辉历史，不厌其烦地赞叹、附和着。

在这过程中，薛晨虽然偶尔害羞地插一两句"妈，说这个干吗""好啦""都过去了"，却还是难掩一脸骄傲，看向晓晓时，他的眼睛好像在说："怎么样？这回知道你男朋友有多优秀了吧？"

熬过漫长的四十多分钟，晓晓看看表，说该告辞了。薛晨准备送晓晓，可她前脚刚踏出门槛，就听见薛晨妈妈在后面小声嘱咐他："别送太远，外面很黑，赶紧回来。"

两人肩并肩走出小区，虫鸣阵阵，暖风习习，晓晓却不想说话，只觉得累。眼瞅着就走到能打到出租车的马路了，晓晓刚想开口让薛晨赶紧回去省得他妈惦记，魔咒般的《听妈妈的话》铃声就及时响了起来。

"好的，妈妈，我这就回去。"

薛晨挂掉电话，晃晃手机又指指家的方向，向晓晓示意。晓晓勉强挤出夸张的笑，用力点了点头，摆摆手让他快走。

"那你自己打车回去，小心点。"

"嗯……"

"对了，"他刚走一步，又转过身来，"以后别穿这条裤子了，你上洗手间的时候我妈跟我说，你这身衣服丑爆了。"

妈宝男可怕吗？妈宝男他妈才是可怕的二次方啊！

跟他们在一起，晓晓时刻觉得自己像个第三者。

3

算起来，晓晓和薛晨已经交往五个多月了，可两人却依然保持着"纯洁的男女关系",这未免让晓晓又在心里犯起嘀咕来。

难道是我缺乏魅力吗？可我长得也不差啊，巴掌脸，桃花眼，虽然个子不高，但身材不错，要胸有胸，要屁股有屁股，也算是个小美妞儿了……这小子不会对我完全没有想法吧——那他干吗要跟我谈恋爱呢？

他是家教太严、思想保守，有贼心没贼胆吗？

难不成他生理有毛病，属于有心无力型选手？

他该不会是个 gay，只是在拿我打掩护吧……

越想越不放心，她决定放下矜持，找机会一试。

某天他们吃过晚饭，晓晓提议去逛逛东边的夜市，两人手牵手慢慢走，不一会儿就溜达到连锁酒店扎堆儿的那条街。

也不知道是真没反应过来还是故意在装糊涂，都路过两家酒店了，薛晨仍旧气定神闲地往前走。晓晓不干了，先是用力捏了一下他的手，还是不好使，便索性停住不走了，还嘟着嘴，用那种迷离的眼神瞄着薛晨。

薛晨看看晓晓，又瞅瞅眼前的酒店招牌，终于有所领会，脸上却还是有些犹豫。晓晓咬着嘴唇，又捏了捏他的手，用眼神给他鼓励。

薛晨刚想开口，他口袋里的手机响了。晓晓的笑脸瞬间消失，不用想，妈宝男薛晨又说了那句"好的，我这就回去"——

语气听起来还有些轻松欢快呢……

关键时刻，男朋友又被他的慈母一个电话给叫走了。

不是说好了要做彼此的天使吗？到底还能不能开开心心谈恋
爱了？到底谁才是他的女朋友？怎么感觉自己像个古代不受宠的
小妾，他老妈反而像是得罪不起的大老婆呢？

晓晓越想越委屈，越想越悲愤，抬腿想把一块碍眼的小石子
踢走，一阵疼痛却从脚趾蔓延开来——她踢的竟然是一个探出地
面的钢筋头。

不行！我要把他夺回来！我要拯救他的人生！我要拯救我至
高无上的爱情！

晓晓就这样做出了一个伟大的决定。

4

"妈宝男拯救计划"的第一步是"小事入手，培养主见"。

什么时间，在何处见面，去哪里吃饭，饭后干什么，走哪条
路线，看哪部电影，喝什么饮料……相处中任何需要做决定的细
节，晓晓全都交给薛晨去思考和选择，且会及时夺过他的手机，
阻止他致电老妈寻求意见。而只要是他自己拿定的主意，晓晓一

律支持。

　　与此同时，晓晓还逐渐压降薛晨给老妈发短信、打电话的次数，有时他老妈主动打来电话，晓晓就按住他的手，让他坚持不要接。他起初是极为挣扎的。故意不接妈妈的电话，这对他来说简直就是大逆不道，他脑补了 N 种妈妈抓狂、担心、伤感的场景，然后一脸哀求地看着晓晓。晓晓表情严峻，却也架不住他可怜巴巴的小眼神儿，想了想便叹了口气说："反正已经扛过两次来电了，也算是取得了阶段性胜利。那下次再来电你就接吧，然后就跟你妈说，刚才在专心做事，没注意到手机铃声。"话音刚落，薛晨立马拿起手机，以单键拨号的快捷方式，瞬间呼叫了 1 号键的瞿女士（就是他老妈），迅速展开一番热聊。规定通话时间五分钟，薛晨一再无视身边晓晓的预警，将热聊拉长至七分钟。痒痒肉很多的他，在胳肢窝遭到猛烈攻击之后，方才不舍地挂掉电话，随即遭到晓晓的严肃批评："明明只是允许你接听下个来电，并没有让你打过去啊！你这属于犯规！"

　　好在，对于两次没接妈妈的来电，薛晨按照晓晓教的说法进行了完美解释，他老妈也没有特别激烈的反应，这让晓晓长舒了一口气，并以此向薛晨说明："你瞧，即便你少打几次、少接几次电话，世界末日也并不会到来，你和你妈依旧情比金坚，她老人家并不会因此跟你断绝母子关系。"

晓晓还找专修心理学的表妹做足了功课，抽空跟薛晨谈心，较为细致地了解了他的成长经历，发现他父母之间感情淡漠；他爸不喜男孩想生女娃，且在薛晨儿时常年出差在外，父亲角色基本缺失，导致父子关系十分疏远；他妈性格强势孤僻，朋友很少，社交匮乏，退休后更是无所事事，对儿子的"七百二十度全方位立体无侧漏式呵护"便成了她的主要消遣。

晓晓由此得出结论：正是这样的成长环境，才造成了薛晨性格的不完善；老妈对他的占有、控制、溺爱，以及他对老妈的依赖、盲从、恐惧，都是病态的。

为了让薛晨真正认识到问题的根本所在及其严重性，晓晓深入浅出，循循善诱，晓之以理，动之以情。但，即便她在表述这些时已尽量拿捏了态度和语气，她还是感受到了薛晨的受伤——他认真地听她讲，起初还点头称是，偶尔露出一副恍然大悟的表情，可随着话锋渐深，直击"痛处"，他的眼圈微微泛红，没多久便低下了头，只剩意味不明的沉默。

晓晓能体会他心理上受到的冲击有多大。突然把所有事实和病灶不留情面地摆在眼前，让一个人即刻承认自己在过去的二十六年里一直活得有问题，这确实有些残酷。但为了拯救他，为了让他早日蜕变为一个真正意义上的"成年人"，晓晓还是收起了心疼，硬着头皮一口气说完，然后拍了拍他的肩膀，给了他一个大大的拥抱。

那天回家时，薛晨显得很疲惫。晓晓也不知道自己的话能被对方听进去多少，甚至开始怀疑自己的所作所为是否正确，还在心里做了最坏的分手打算。

听天由命吧！如果这次长谈能挑破他思想上的"脓包"，那即便爱情发炎，就此别过，多年后他终究会理解并感念我的心意——那就让我来做他生命中的第一个"救世主"吧！晓晓这样想。

5

薛晨绘画很有天赋，念书时也主修艺术专业，可惜的是，还没等他毕业，他妈妈就想方设法把他安排进一家企业，做上了档案管理之类的工作。工作简单，比较轻松，自然也就赚得不多。

薛晨闲得无聊，经常是窝在办公室里打一上午游戏，午休去吃饭，再看一下午的在线漫画，到点下班走人。全无成就感可言。

经过又一番心理辅导和精神鼓励，薛晨终于肯迈出改变的一大步——尝试换一份自己更喜欢的工作。

这事当然不能先让他妈知道。

在晓晓的规划下，薛晨整理了毕业作品、业余习作和获奖证书，和晓晓一起分门别类，圈定亮点，总结优势，规避短板，阐述热忱，畅谈梦想，偷偷完成了一份像模像样的求职简历。

同时，晓晓根据薛晨的实际情况，在网上搜罗各类招聘信息，仔细挑选，慎重考虑，把有可能拿到 offer 的岗位传给薛晨看，再一起研究确立进攻目标，投递简历，参加面试。

那段时间，晓晓一直陪薛晨跑各种面试，不断向他灌输求职经验。他紧张害怕，她就给他打气，让他相信，总会有人懂得欣赏他的才华；他遭到拒绝，她就各种鼓励，告诉他这在求职时是很正常的情况，不必放在心上，前方一定还有更好的机会。

皇天不负有心人，一个多月之后，薛晨终于被一家文化公司看中，他在笔试中设计的卡通形象也大受领导好评，虽然他工作经验不足，但公司还是开出了一个比较不错的薪资标准，比他现在的工资高出很多，也更有发展前景。由于是在职跳槽，需要辞职和交接工作，他和新东家约定好将在一个月之后正式入职。

踏出会议室那一刻开始，他就兴奋得忍不住流泪，穿过走廊，乘坐电梯，一路上努力克制自己的情绪，见到正在一楼大厅等候的晓晓时，他已经哭成了泪人，泪水打透了白衬衫，左胸脯险些露点。

"怎么了？薪水没谈拢？别哭啊……"晓晓慌乱地站起身，一脸关切地问。

"不是……我长这么大……这是头一回靠自己做成了事……

突然好开心，觉得自己好'哇噻'……"他哭得上气不接下气，断断续续地说。

"咳！"晓晓拍了一下大腿，"这是好事啊！你哭什么……"

她话没说完，薛晨一下子把她抱在了怀里。

隔了几天，到了星期一，薛晨正式向单位提出了辞职，下班后他早早回家，跟他预想的一样，他老妈果然搬了一把椅子，端着胳膊坐在门口，怒气冲冲地等他回来。

"妈妈您怎么坐这儿了？"他明知故问，故作镇定地换拖鞋，不敢去看老妈的眼睛。

"我接到了你方叔叔的电话，他说你今天上午跟人事部门递交了辞呈，有这回事吗？"她强忍着怒火，瞪着眼睛问。

"嗯……"他换好了拖鞋，刚想低头进屋，又有些惧怕似的后退了一小步，这才壮着胆子看着老妈的眼睛说，"妈妈，这件事是我不好，没有提前告诉您……其实我已经找到另一份工作了……"

"晨晨！"她沾火就着，打断了儿子的话，"你为什么要换工作？难道你方叔叔的公司不好吗？难道给你安排的工作不够好吗？你知道妈妈当时为了这份工作提着东西一趟一趟去他们家里低声下气说了多少好话吗？你怎么这么不知道珍惜？你知道这让妈妈多伤心吗——是不是那个小妖精撺掇你换工作的？自从跟她在一起你都变了，你还是妈妈的晨晨吗？你每天都不怎么给妈妈打电话了，给你打你也不接，你知道妈妈在家里有多担心吗……真不知道那个小妖精给你灌了什么迷魂汤……"

说着说着，她已经哭了起来。

薛晨傻傻地看着她哭，完全不知所措，愣了两三秒才反应过来，立即冲进客厅里抽两张面巾纸给妈妈擦眼泪，然后拉着妈妈的手说："妈妈妈妈你别哭，是我错了，您别生气，您听我慢慢说给您听……"

该面对的总需要面对，越想逃避越逃避不了。那天晚上，薛晨谈理想，装可怜，晒 offer，报薪资，各种诉苦煽情，使尽浑身解数，终于安抚好了已经哭肿双眼的妈妈，并从她嘴里撬出来一句"既然已经这样了，那就好好干吧……妈妈相信你就是了"。

算起来，这应该是薛晨从小到大第一次"忤逆"妈妈的意愿。

为了庆祝并纪念这场激动人心的伟大胜利，星期三的中午，晓晓约薛晨在红旗街万达广场附近见面。

"怎么往这边走？咱们不是去吃饭吗？"

"哎呀，你跟我走就是啦！"晓晓过来拽他，"我又不会卖了你。"

"好神秘哦。"

晓晓在附近的一家酒店开好了房。被带到酒店门前时，薛晨一脸惊讶。

"还愣着干吗？你去冲一下，我刚才洗过了。"晓晓解下头绳，散开长发，对坐在床上一动不动的薛晨说。

"午休时间可有限，一会儿还得回去上班呢。"看他依旧无动于衷，她补充道。

那天中午的经历，一定让晓晓这辈子都难以启齿。

薛晨全程被动，表现得十分紧张、犹豫，甚至有些恐惧。这反而激发了晓晓非要把他"拿下"不可的决心，她豁出去了，把自尊心、羞耻感什么的统统抛到脑后，近乎强势地掌控整个场面。

当她好不容易骑在他身上时，发现他竟满脸通红，双眼泛泪，且完全不敢与她对视；而当她费了九牛二虎之力进行了一番策马奔腾，听到他在达到生命小和谐那一刻竟清楚地叫一句"妈妈"时，她的内心盈满了崩溃和不理解。

真令人终生难忘啊……

但好在，她心中最大的顾虑终于被打消了——

他对她有感觉，他不是 gay。

6

虽然个别环节略显"意外"，但晓晓的"妈宝男拯救计划"基本进展顺利。

而她也终于要发起最关键的"终极一战"——让薛晨从家里搬出来，跟自己生活。

晓晓提出这个想法时，薛晨把眼睛瞪得跟他的黑色镜框一般大。

"你是疯了吗？这怎么可能！让我搬出来住，我想都不敢想！我妈妈肯定不会同意的！"

"你怎么知道？"晓晓认真地看着薛晨的眼睛，想让对方明白自己并不是在开玩笑，"之前我提议你换工作的时候，你也是这反应，结果咧？不还是成了！"

薛晨摇了摇头，双手把住晓晓的肩膀，也神情严峻地说："这不一样的。"

"怎么不一样了？"晓晓弯起胳膊，双手落在薛晨的手上并捏了捏。

"这是两码事，好吗？"他叹了口气，抽回自己的手，"你也知道，我妈对我这么上心，让我从她眼皮子底下消失，她怎么能接受得了？"

他顿了顿，又补充道："你难道不觉得……这有些过分了吗？你的想法，给人的感觉很……有一点……得寸进尺。"说完他转过身去。

"得寸进尺？"晓晓气得冷笑了一声，"什么叫'我的想法'？我做这些到底图什么啊？你是好是赖，原本跟我有什么关系啊？我还不是为了你，为了好好跟你走下去！我可不希望自己的老公是个没断奶的婴儿，天天只会叫'妈妈，妈妈'……"

说完她就后悔了，她发现薛晨身体微微晃了一下。为了弥补自己的失言，她很快又调整了语气，接着说："你该知道，只有当女人很爱一个人的时候，才会在对方身上放很多期望。我希望你能变得越来越棒，不仅仅是为了我，而是为了'我们'。"说完，她凑过去，从后面抱住了薛晨。

他低头看了看她环在他腹前的手，没说话。

"只有你搬出来住，才能真正摆脱对你妈妈的依赖，你才能真正蜕变成一个顶天立地的男子汉。"她把脸贴在他后背上，又说，"况且，我们可以经常回去看望他们。"

他还是没说什么，只轻轻干咳了两声。

"我知道这很难跟你妈妈开口——但我知道，你一定会做到，不会让我失望的。"

7

"你现在能出来一下吗？"薛晨在电话里问，听起来他的情绪很低迷，"就在南湖北门见吧，折中一下，离你离我都不太远。"

"……好。"

跟晓晓猜的一样，他跟老妈说了想搬出来住，结果被痛斥了一通，薛晨甚至差点被吓哭了。

"我从没见过妈妈发那么大的火，她简直是在冲我咆哮，你能想象吗？"他低着头，伤心地说。

"预料之中……"晓晓突然不知道该说什么好，只能强装镇定，"嗯，在我预料之中……总会经历这个过程，这是正常的……"

这时，薛晨的手机突然响起，晓晓看见手机屏幕上显示着"妈妈"，拍了拍一脸慌张的薛晨的肩，鼓励他接电话。

"喂，妈妈……"薛晨还没说什么，就听见手机隐约传来一连串叽里呱啦的说话声。薛晨长舒一口气，闭上了眼。

眼看男朋友如此难受，晓晓做出了一个大胆的举动——她一把夺过手机，然后示意一脸惊讶的薛晨少安毋躁，她来跟他妈妈说。

"阿姨，我是晓晓。"语气足够平静，"对，他现在跟我在一起……我们在南湖公园。"然后晓晓就基本插不上话了，手机依然不断传出连珠炮般的说话声。薛晨一脸忧戚地看着话到嘴边却只能几度憋回去的晓晓。晓晓不时看他一眼，再故作轻松地摆摆手，好像在说"没事，没事"。

差不多过了三四分钟，一直保持平静的晓晓突然开始说话："阿姨您能别这么说吗？真没想到我在您眼里就是这样一个人。我从没有想过要挑拨你们母子关系，我只是希望能有一个正常的男朋友，有一份正常的恋爱——难道您不觉得您对薛晨的关心有些不正常吗？"她顿了顿，接着说，"对，可能当局者迷，您觉得并没有什么不妥，可在我这个旁观者看来，你们之间的母子关系是有问题的，是超出正常范畴的。我从未见过控制欲像您这样强的母亲……"

许是哪句话说重了，刺痛了薛晨的神经，他突然让晓晓不要再说了，并站起来抢手机。晓晓灵活地躲开，紧皱着眉头，另一只手做出大幅度动作，示意薛晨老实坐着，并继续说："我是真心爱他，真心希望他好，才愿意跟您说这些可能从没有人跟您说过的话。继续这样下去只会彻底毁了他的人生，难道您能庇护他一辈子吗？难道他真的可以一辈子不独立不长大吗！"

晓晓越说越激愤，薛晨赶紧把手机抢了过去，并立即带着哭腔说："妈妈您别听她瞎说，我先挂了，我马上就回去了！"

薛晨挂掉了电话，看见晓晓已经蹲在了地上。她在哭。这是交往这么久以来，他第一次看见她哭。他原本以为，这个女孩子如此活泼开朗，可能一辈子都不会有伤心的时刻。可他现在，真真切切地看见她在啜泣，小小的身体在明显颤抖。

"她凭什么那么说我……"晓晓抬了一下头对薛晨说，虽然只有一瞬间，他还是看见了她猩红的眼睛——还有几根没扎住的头发被她吃进了嘴里。

"我到底犯了什么错？她犯得着那么恶毒地骂我？我是成年人了，我都二十五了，不想再谈那种下班牵手看个电影周末一起去逛公园的学生式的恋爱，我也需要人陪好吗？我也想晚上被男朋友搂着睡，早上一睁眼就看见自己心爱的人，我也想过性生活，我也有正常的心理和生理需要！难道老妈能代替老婆吗？难道她想一辈子把你拴在身边不让你成家立业吗——我真不明白她到底咋想的！"她依然蹲在地上，双手抓着地上的小石块和小树枝，一边说一边在空气里挥舞。

薛晨完全傻了，他抹掉自己的眼泪，想弯腰把晓晓拉起来，却好像又不知该如何下手。

"你真的就不能为了我勇敢一次吗？"晓晓扔掉手里的东西，抬头问他，脸上挂满泪水，眼里噙满绝望。

薛晨没再犹豫，把她拉了起来，走前只留下一句："交给我吧。接下来你别管了。"

这话让晓晓格外感动。她愣在原地，简直不敢相信自己的耳朵。看着薛晨打车离去，她好一会儿才回过神来，随即破涕为笑。

这个胆小鬼终于变勇敢了。为了爱情，为了我。
简直爷们儿死了。

8

薛晨有整整两天没有跟晓晓联系。第四天，薛晨把晓晓约在一家咖啡馆，眼神躲闪，吞吞吐吐。晓晓猜到了结果，只好握着他的手，安慰道："没关系，这次失败，下次再试。慢慢来。"

"哈哈哈，故意逗你的！我妈同意啦！同意我搬出来住了！"他一脸兴奋地说。

然后挨了一通小拳头。

也不知道薛晨在那两天里用了什么招数，无论晓晓怎么问，他都不肯交代——可能用了小孩子"撒娇＋打滚＋哭闹＋绝食"那套吧，所以他才不好意思说。难为他了，晓晓心想。

不管怎样，事情有了进展，双方就此事达成"友好协议"：经妈妈巡视考察，生活环境勉强合格，薛晨可以搬到晓晓的出租屋同住，但薛晨每个月必须将薪水的百分之六十交给妈妈保管，大部分房租、水电费还得由晓晓来承担；每周一、三、五薛晨必须回家住，除此之外，两人每周至少要有两天去家里陪他爸妈吃晚饭；薛晨每天至少要跟妈妈通话三次，每次通话时长不得少于十分钟。

为了把握"革命成果"，晓晓欣然接受。

连续倒腾了一个多星期，薛晨的生活用品终于准备齐全，有一些是他从家里拿的，有一些是临时去超市买的。

薛晨入住当天，晓晓捧回来一个超级大的奶油蛋糕。

"买这个干什么？"

"庆祝呀！我也说不上来为什么，就是觉得，有个蛋糕在，或许会显得更庄重，更有气氛，更有仪式感！"

她开心得跟个小孩子似的。

二人世界正式开启。晓晓每天都会起来很早，简单抓抓头发，洗一把脸，穿着睡裙和拖鞋出去买早餐。叫薛晨起床成了晓晓每天最期待的一项活动。她先把早餐摆好，把刷牙的温水倒好，把牙膏挤好，这才轻轻走到床边，蹲下身子观察还在熟睡的男朋友。他的呼吸安静且均匀，睫毛微颤，鼻翼鼓动，脸蛋潮红，喉结暗涌，有时嘴角还凝着一滴晶莹的口水。晓晓通常会在他的额头、左脸或手背亲一下，把他吻醒，看着他既呆萌又无辜地睁开眼，随即相视一笑，让他赶紧起来刷牙吃饭。

他们一起出门上班，虽然走不多远就要分手奔赴不同的公交车站，但晓晓还是很喜欢这种感觉。

午休时，他们会通个电话，说说上午在单位的经历，又接到了什么任务，又受到了怎样的表扬或批评，办公室里谁谁上厕所时滑倒了，某某领导今天又穿了一件颜色更夸张的衣服来上班……

"那，今天晚上吃什么？"晓晓总忍不住问这个问题。

"今天是我们去我家里吃的日子啊……"

"哦，对。我忘了。那就想想，明天晚上咱俩弄点什么吃。"

"你弄的我都喜欢。"

虽然意见已经达成一致，但想起之前在电话中的交锋，晓晓还是有些忌惮薛晨的妈妈。每次跟他去家里吃饭，她都要先给自己做一整套心理建设，才能从容不迫、面带微笑地抗住瞿女士的目光洗礼。

为了弥补"过失"，表示友好，晓晓十分主动地在厨房打下手。可这位准婆婆似乎并不买账，不是批评她刀工太差，就是奚落她竟然连该倒多少油都不知道——"你不是一直自己住吗？生活技能怎么还这么差？就你这样，能照顾好我家晨晨吗？"

不仅如此，瞿女士还开拓思路，广辟灵感，不时以各种言行对晓晓进行心灵暴击。

比如，吃饺子时她夹起一个，咬一小口，然后再放到薛晨碗里说："晨晨快吃这个，是你最爱吃的韭菜馅的！"

在客厅时薛晨坐在沙发中间，离晓晓只稍微有点远，他妈妈发现后立马得意起来："没办法，我们家晨晨就是跟我亲，从小就黏我黏得厉害。他才几个月大那会儿，一放下他就哭，抱起来他就笑。我也不能总跟领导请假啊，就带着他去单位算数据，一只手拿笔写字，另一只手抱着他——你瞧，我这条胳膊是不是显得比较壮？"

某天薛晨的袖子上蹭了一块泥，下班没来得及换就直接跟晓晓过来吃饭了，他妈妈发现后立马责怪晓晓："你怎么也不给他洗洗衣服？干吗总让他穿这件？"然后放下手里的活儿，去自己卧室拿出两件新T恤递给薛晨："大儿子，拿去穿，妈妈给你新买的——怎么样？还是妈妈对你好吧！"

……

嗯，有时候晓晓气得牙根直痒痒……但一想到"拯救计划"好不容易取得的进展，也念在薛晨王子般俊美颜值的份儿上，她强忍着撂挑子走人的冲动，每次都嘻嘻哈哈地应对了过去。

我免疫，我不气，她不断在心里对自己说。

9

那是他们恋爱后的第一个圣诞节。他们吃完必胜客，赶着去看那部期待已久的电影。他正往取票机上输验证码，手机突然来了电话。

"喂，"他看了她一眼，示意她稍等，"哦……嗯……"

她听见了，立即皱起了眉头，拽了他胳膊两下，却也没能阻止他说出那句"我这就过去"。

"我妈妈说洗手间的节能灯坏了，黑灯瞎火的，她又不会弄，让我马上回去帮她换一下……"挂掉电话，他垂头丧气地对已经一脸不高兴的晓晓说。

"不是还有你爸吗？"

"我爸视力差，又恐高，不敢踩凳子。"他摆出十分为难的样子，接着说，"我很抱歉，我知道今天比较特殊，该好好陪你。但临时出了这种事，我也没想到——我很快就回来，来回也就一个小时。你先进去看，然后我回来找你！"

"呵！"晓晓冷笑道，"你妈能不能别这样？"

"喂！你说什么呢？我妈哪样了？不许你这么说她！"刚才还低声下气的他突然态度大变，维护起自己的老妈来。

"好了，我算是看明白了，关键时刻你还是会向着你妈——也对，血浓于水嘛！"她扭过头，盯着取票机看，这会儿已经被两对情侣包围了，年轻的男女有说有笑。她叹了口气，继续说，"你妈就是成心跟我过不去，难道你看不出来吗？平时下小绊子刺激刺激我，我也就忍了，圣诞节了她还不消停，编出了'换灯泡'这样的烂借口，她以为自己是娇滴滴的少女吗？耍这么幼稚的小把戏，我也真是开了眼界！"

看得出，薛晨已经生气了，他正努力控制着自己的情绪，两条浓黑的眉毛拧得几乎要竖起来了，上牙紧紧咬着下嘴唇，好像憋住了很多难听的话。

"我真的不想跟你在这里吵，尤其是在圣诞节。"他咳嗽了一下，"你不知道我妈有多不容易，可以说是她一个人把我拉扯大……"

"行行行，你快去吧。再往下说，保不准'大逆不道''冷血动物''狼心狗肺'之类的词都要扣到我身上来了——算我活该，谁让我摊上这么一个男朋友呢，对吧？"说完她撇了一下嘴，无奈地做了个摊手动作。

"你这样想就对了……我就知道你最好了！"他急于脱身，给杆就下，本想亲她一下缓和气氛，却被她躲掉了。

"那我把票取出来，你先进去看，另外一张我揣着，回来我就进去找你。快的话也就四十分钟，到时候你把前面剧情简单说给我听哦。"

真难想象，正在恋爱的外地姑娘晓晓，圣诞节当晚被男朋友丢下，一个人在电影院看一部爱情喜剧电影。那个场次几无虚席，情侣们的嬉笑声在放映厅里此起彼伏。

晓晓努力平复心情，想专注到电影的故事情节里，思绪却总被薛晨以及他那奇葩老妈牵走。无心观影的她，只能郁郁寡欢地大口咀嚼甜腻的爆米花。

九点三十三分，电影已过了大半。薛晨没有守约归来。晓晓心灰意冷，不想等电影结束后只身一人挤在情侣大军里——一个人入场已经显得够可怜的了，她可不想出场时再度看到别人异样的眼神——于是她假装去上洗手间，悄悄溜走了。

直到她走出影院，也没有看到薛晨迎面赶来的身影。

她停下脚给薛晨发了一条短信：电影不好看，我回家了。你别赶来了，完事之后也直接回家吧。

10

晓晓原以为，那天晚上薛晨不会再回来了，他老妈肯定留他在那边睡了。

可他还是回来了，一副很疲惫的样子，什么也没说，脱了羽绒服，倒头就睡。晓晓抬眼看了下床头柜上的闹钟，十一点三十七分。

那天晚上她失眠得很严重，从相识到相恋，尤其是"拯救计划"中共同经历的每一步，她回忆了很多，也独自感慨了很多。听着薛晨均匀、从容的呼吸声，她突然觉得一切都如此安稳，且正在往好的方向发展。

电影没看又怎样，为了不让自己在这个特殊的日子里太窝心，他不还是拖着疲惫的身躯半夜从老妈那边脱身赶了回来？

他妈妈故意刁难又如何，她的宝贝儿子不还是在一点点改变——只要两个人心往一处想，劲儿往一处使，其他的小事不过只是这段爱情的作料。

嗯，我知道，他会变得越来越好——我不该对他太苛责，不该再对他发脾气。

嗯，一切都很好。一切都很好。

次日一早，晓晓心满意足地醒来。星期日，不必上班。她又看了一会儿薛晨睡觉时的样子，这才蹑手蹑脚地去准备早餐，然后用她独特的方式，把男朋友叫醒。

她把煎蛋摆上桌，去冰箱里拿他爱吃的番茄酱，找了半天却没找到。

"老公，番茄酱没了吗？"

"哦……那天我吃光了，忘了买了。"他放下勺子，起身去拿外衣，"我这就下去买。"

"外面下雪呢，你就对付一口得了，下午一起去超市的时候再买。"

"那怎么行？吃煎蛋不放番茄酱，多腻啊。不行，我一定要拯救我的味蕾——我马上就回来。"

"听妈妈的话，别让她受伤——想快快长大，才能保护她……"他刚出去不到两分钟，角落里他正在充电的手机就响了。

屏幕上显示着"妈妈"。

哦，老天，又来了。晓晓突然感到哭笑不得。

"要是被她知道我让她的宝贝儿子下雪天出去买东西，她肯定又要炮轰我吧？真可怕。"晓晓心想。

于是晓晓没接，回到餐桌上吃起煎蛋来。

可手机又响了起来——这已经是第三遍了。

这老太太也真够咄咄逼人的。晓晓撇撇嘴，只好硬着头皮去接。

"小宝贝儿，怎么这么晚才接！想你了，么么哒！"

电话里是一个年轻女子的声音，说话嗲声嗲气。

晓晓把手机拿开耳朵，看了一眼屏幕，显示的是"妈妈"，没错呀。

"喂？请问你是……"

圣诞节的第二天，在男朋友下楼买番茄酱的空当，一个十分偶然的机会，晓晓发现了一个难以想象的秘密：薛晨竟然还有另一个女友，在他手机通讯录里的名字是"妈妈"——而他的"妈宝"形象，竟成了他用来劈腿的"天然挡箭牌"。

晓晓如被雷劈，却来不及难过，脑中接着蹦出一个亟待验证的猜想。

挂掉电话后，薛晨的手机出现密码锁。晓晓找到自己的手机，拨通了薛晨的号码，那部手机的屏幕上果然同样显示着"妈妈"二字。

呵呵，还真是本性难移——我在跟你谈恋爱，你却把我当"小妈"。

铁打的亲妈，流水的"小妈"——原来我一直在高估自己。

薛晨哆哆嗦嗦地进来，把一袋番茄酱随手扔在鞋柜上，冲屋里的晓晓抱怨道："楼下小卖店卖光了，我去路口小超市买的，都快冻死我了。"

没人回应。

他脱下外衣，厨房没人，两盘煎蛋无精打采地摆在桌上。他走进卧室，看到晓晓正坐在地板上哭。

"你……怎么了？"他慌张地问，发现自己的手机就在晓晓腿边，随即心头一紧。

"我知道你和徐莹的事了……"晓晓已泣不成声。

"你别听她瞎说——我不认识什么徐莹，徐莹是谁？"他凑过去拉她，却被她大力推开。他跌坐在地板上，由于重心没掌握好，小腿受力抽了筋，他疼得叫了一声。

"你……哦！你发现了也好！反正我也打算这几天就告诉你来着！我妈让我跟你分手，说咱俩在一起不合适——她说我应该找一个更好的女生！"他恼羞成怒，一边揉腿，一边理直气壮地接着说，"我陪你过完圣诞，已经很给你面子了！"

晓晓浑身颤抖，眼泪混着鼻涕糊了一嘴。她调动全部气力大声向他咆哮道："你给我滚！亏我他妈还一直想着该如何拯救你！"

11

你永远也拯救不了一个根本不想被你救的人。

更何况，想在感情中拯救、改造别人的念头，本身就很愚妄啊。

天无绝胖子之路

1

我和红豆是在帮阿华收拾新居时认识胖子的。他也是阿华的朋友。看他的身板，原本以为他能搬很多东西，结果没弄一会儿他就呼哧带喘，豆大的汗珠在他脸颊上奔跑。

收拾得当，阿华就近找了个馆子请我们几个吃饭，酒过三巡，红豆一脸哀愁，犹犹豫豫了半天，终于憋不住问大伙："你们说，我要是找工作的话，适合做什么？"

"你不是要专心考研吗？怎么又想起找工作了？"果果问。

原来，红豆的妈妈单位效益不好，已经快一年没开工资了，之前红豆的学费和生活费，都是到处借的。红豆的父亲去得早，从小跟母亲相依为命，知道真相后，哪还舍得老妈再为自己低声下气、四处奔波，立马找了一大堆理由放弃了考研计划，想尽快为母亲分担压力。

正当我们叽里呱啦向她提供就业方向时，一直埋头苦吃的胖子突然说："那我跟你一起找吧。"

2

胖子就真的陪红豆找起了工作。红豆虽然家庭条件一般，但从小被母亲爱护有加，也属于那种活在"温室大棚"里的小姑娘，几乎没有社会历练。胖子说他之前找过工作，多少还有点经验。

那些天，他俩很早就在公园里会合，把从网上选取、打印出来的招聘信息摊在凉亭的石桌上，一一讨论是否合适，再用红色记号笔圈出重点努力目标，便开始了一整天的求职之旅，穿梭于城市各处。

话务员，收银员，文员，超市理货员，冷冻食品库管员……不是实习期长得不合理，就是工资少得可怜；不是让先交保证金，就是工作强度大得吓人。连续半月，徒劳无功。

"原来找工作这么难啊……难道我这种没有工作经验的，就没有活路了？"又被一家单位拒绝后，红豆垂头丧气地说。

"一开始都这样，很正常啊。别着急，好事多磨嘛。"胖子安慰完她，看了一眼手里攥得皱巴巴的打印纸，"下一家，go！"

有一次，他俩去一家刚刚装修好还没开业的电玩城应聘，谈好条件后，面试官把他们带到一个很远的地方，说是要进行入职前的统一培训。

培训的地点竟然在一个很普通的住宅小区里。面试官带着他们拐来拐去，终于走到一个隐蔽的单元，上了五楼，掏出钥匙开了一道铁栅门和一道防盗门，然后让他俩先进屋，自己反手又把两道门都锁好了。

不进不知道，一进吓一跳。也就是个四十多平方米的一居室，十多个少男少女挤在里面，男生们在打扑克，女生们聚在一起交头接耳，看见面试官来了，纷纷嬉皮笑脸地凑到跟前，又赶紧各自搬了塑料凳子规规矩矩地坐好，一副等着聆听领导发表重要讲话的样子。

面试官让红豆和胖子简单做了自我介绍，然后开始说培训的日程安排。红豆一句也没听进去，"同事们"不知收敛的打量目光让她心里发毛。她小心翼翼地抬起头看了一眼胖子，他脸上也是一副不自然的表情。

面试官让他俩把身份证交出来，说是要拿回去做个登记。正当红豆犹豫要不要把身份证从兜里掏出来时，胖子突然怪叫一声，随即捂着肚子蹲在地上，摆出特别痛苦的表情。红豆一下子慌了，问他怎么了，见他在跟自己使眼色，脑子转了个轴，连忙向面试官解释道她这位朋友得了一种急性的胃肠炎，时不时就犯，大夫说得立马吃药，要不然可能会有生命危险。说完她假模假样地开始翻包。

"啊！药竟然吃完了！这可咋办！"

一句话把面试官吓得脸色都变了，其他人也七嘴八舌起来。

"刚……刚才我看楼下小区门口有家药店，他家兴许有卖的。"刚在地上打了个滚儿的胖子一脸痛苦地说。

"那快去吧！快去吧！可别耽误！"面试官看起来比谁都紧张，已经掏出钥匙在开门了。

见状，红豆赶紧把胖子扶了起来，带上包就往出走。

"她一个人能行吗？领导，我陪着下去一趟吧。"一个瘦高的小伙儿向面试官请示，满眼热切地看着红豆和胖子。

红豆瞧见面试官瞪了那小伙儿一眼，立马说："没事，没事，他能走，我自己能行，你们忙——我俩买了药吃完，再上来听领导继续给我们开会。"

门一关上，他俩就以飞一般的脚步迅速逃离了那个小区。

"太吓人了，咱俩差点就被什么传销组织给控制了吧？"

"嗯……"胖子在猫腰喘气。

"看不出来嘛，关键时刻，你还挺机灵的。"

"嗯……"胖子还在喘气。

"走，我请你吃米线，算是庆祝咱俩死里逃生！"

"嗯！"胖子立马不喘了。

3

功夫不负有心人，在面试一家咖啡厅的服务员时，店长耐心问了许多问题，然后从文件夹里抽出一份合同来递给了红豆。

红豆接过合同，仅兴奋了一秒，便指着并排坐在身边的胖子，问店长："那他呢？"

"我们店里要求统一着装的。看他的体型，我们店里的工装他应该是穿不下——所以，很抱歉。"

红豆看到，胖子的脸唰地一下就红了。气氛顿时有些尴尬，还没等胖子整理好心情笑着祝贺她，她就毕恭毕敬地把那份合同又递了回去。

"可是我希望能和我朋友在一起工作。谢谢您了。"红豆不顾胖子的阻止，起身拽着胖子往外走。

"那你不早说，浪费我时间！"店长的好脸色一秒钟消失不见，迅速从本子上扯下刚才记录的红豆的相关情况，且故意撕得很大声。

"你干吗这么傻？好不容易才找到，环境也不错，你就先干着呗……你不用管我。"出了门，胖子一脸严峻地对红豆说，还不死心般回头往店里望。

"别瞅了，就算我现在回去，她也不会再聘用我了。"听语气，红豆倒是满不在乎。

"机会都是被这样错失的。"胖子嘴里还嘟囔着。

"能不能行！下一家！翻篇儿！"红豆跳起来打了一下他的大膀子，"我怎么能抛弃革命战友呢！"

又过了一个多星期，红豆被一家当地还算有名气的广告公司相中了，是流程助理的岗位，工作内容和薪资待遇都挺不错的。这家公司暂时招聘的几个岗位都有性别要求，胖子又无奈出局了。

红豆还打算放弃，胖子却抢先跟她说，这个机会很棒，比之前看过的那些公司都好太多了，不能再意气用事了，一定要把握住。胖子好说歹说，都要生气了，红豆这才点了头。

"那你怎么办？"

"你就别管了，天无绝胖子之路！"

就这样，一直活在"温室大棚"里的红豆小姐，终于投入了社会的怀抱，开始上班了。

4

原来胖子有自己的营生。

后来我和红豆才通过阿华得知，胖子是做导游的。只是这个职业有淡旺季之分，陪红豆找工作那阵子，他正好闲着。等红豆上班了，天暖了，他也回旅行社了。

他好像有一段时间没跟红豆联系，估计是带团很忙吧。而红豆初入职场，也处于紧张兮兮的试用期，每天忙得脚打后脑勺，不容分心，两人也就渐行渐远了。

那年十月，胖子突然出现在红豆的公司。

"你怎么来了？"红豆一脸惊讶。

"以后咱俩就是同事了。"胖子憨笑着说。

"真的假的？听说你不是做导游的吗？"

"国庆黄金周一过，基本就没什么游客了——看到这儿在招业务员，我就来了。"

"哦哦。"

两人都笑了。

他们所在的部门不同，工作中其实交集不多。但即便如此，胖子还是想方设法地向红豆献殷勤。

比如，买一穗她爱吃的烤玉米，让店家刷很多很多辣酱，包在塑料袋里，跑回公司悄悄地塞给她，"快吃，凉透了就不好吃了"，然后立马就走，不给她推辞的机会。

比如，知道她办公室里暖气不太好，某天早上她桌子上就出现了一个盒装的高档绒面的卡通暖宝宝。

再比如，有次她加班到深夜，他借口回公司取东西，却递给她一本书，正是前两天她跟别的女同事提起过的那本想看的新书。她说你怎么知道我想看这本，他故作随意地说："我刚好路过书店，看见贴了海报，估计你会喜欢，就随手买了。"

傻子都能看出来他对红豆有意思，可他就是没勇气说出那句"我喜欢你"。

5

某天我去朋友们常去的一家小馆吃饭，发现他也在。我不知道他是生来热情还是心思烦闷，我都跟他说了我不喝酒，他还是叫了好几瓶干啤。

那天他和我聊了很多。每开启一个新的话题，说不上几句，他都能扯到红豆。

"哈哈哈，这个笑话逗吧？是红豆给我讲的——你知道吗？虽然她表面上嘻嘻哈哈的，其实内心很孤僻。我能感觉得到，她

103

从小就缺乏安全感。"

"红豆也爱吃这个。"

"我们社里的人互相抢活儿,好的线路都被挑走了,给我的都是油水少没人乐意接的活儿,我是懒得跟他们计较——可哪个单位不这样呢?红豆隔壁屋的那个女人就不是个善茬儿,好像总折腾红豆,她奶奶的。"

······

我劝他,赶紧跟红豆表白了吧,他却反问:"人家凭啥跟我?"

他灌了一杯酒下肚,接着说:"没钱,没本事,没颜值,没身材,只能抓空儿对她好,还得掌握好分寸,怕她烦——我要是她,也看不上我这样的。"

"你也别那么悲观嘛,没必要这么贬低自己。"我给他倒了杯酒,"想想自己的优点,从自己的优势下手。"

在我的怂恿和挖掘下,那天他总结了一大堆自己的优点,后来他喝得兴起,还管老板娘要了纸和笔,像小学生一样规规矩矩地一条条记了下来:

一、拔河有优势;

二、吃自助餐很划算;

三、同样一件衣服,比瘦的人赚了不少布料;

104

四、走在街上，如果不小心掉进下水道，会被卡住，没事，哦耶；

五、作为资深吃货，在食物品评方面有较高造诣。朋友眼中的"人肉大众点评"，哪儿有好吃的问我准没错。会吃还会做，虽然赶不上专业厨师，但也能达到小饭馆水平。跟我一起吃饭，别人会不知不觉地食欲大增，一盘腌萝卜都能嘎嘣嘎嘣嚼得倍儿香；

六、不怎么怕冷。身体冬暖夏凉。冬天暖和得像个大火炉，夏天凉快得像个水气球，简直就是个移动智能变频式空调；

七、从小到大常被人捏脸、拍肚子，无聊时还可以捏自己玩（这点瘦人就没办法了）。还可以充当优质枕头和沙发，软乎，不硌挺，保你靠着舒服；

八、脾气好，随和，基本不咋生气；

九、天生能胜任各种搞怪角色，调动气氛是行家；

十、能给人安全感。即便手无缚鸡之力，块头看着也吓人，要是遇到小混混，抖一抖肥膘，也能把对方吓跑……

他越来越进入状态，在人家记点菜的便签纸上写了好几页。我如果不及时制止他，他可能就要在这小餐馆里完成一部鸿篇巨著。

"差不多就行了。回头你把这个叠好送给红豆，腰板挺直，底气足一点，告诉她这都是你的优点，只有跟你在一起了才能享受到这些福利，看她心动不心动。"

听我这样支着，他神情凝重地点了点头，搞得像要就义了一样。

6

可是，胖子实在太尿，那个"优点清单"他一直没敢送出去。

我总觉得这事还得靠他自己来，要不早替他递过去了。

好在，不必我"助攻"，之后发生的一件事，还是推了他一把——他们公司有个小伙子也相中了红豆，对她发起了猛烈追求。关心，送小礼物，约饭，约 KTV，约看电影……总之变着花样地在她面前混脸熟、刷存在感。

这些都被胖子看在眼里。就算他再"面"，这回也不可能坐视不理。

胖子又叫我出来喝酒——实际上，还是他自己喝。

"红豆好像不喜欢他。"他抛出一个结论，酒杯一落，透露出迷之自信。

"为啥这么说？"

"我听说，红豆告诉他，自己有男朋友了。"他直接对嘴吹，把剩下半瓶干啤一饮而尽。

"是吗……"

"他约她也约不出来，然后还约，也不放弃——咋这么死皮赖脸呢，看见他嬉皮笑脸那样我就烦。"

我能感觉到，他心态上有了微妙的变化，好像红豆并不喜欢那个男生这件事，让他十分暗爽和得意，激发了他的铮铮铁骨……

于是，某天下班后，当那个男生手捧一盒 Ferrero Rocher 跑到红豆办公室再度邀她去看一部热议动画电影时，被手里拿着一穗热乎烤玉米的胖子撞了个正着。

胖子心里的火蹭地一下就烧起来了，憋了一会儿没憋住，把脸都憋红了，上前对他说："我说哥们儿，咱能别这么死缠烂打吗？人家红豆那意思，就是不喜欢你，你还听不出来吗？"

没想到，那个男生倒是一脸从容，邪笑了一下，反问胖子："你是哪位？"

"我、我……"还没说出口，胖子十分不合时宜地打了个嗝，一股大碴子味儿。

那个男生笑惨了。

反正丢人也丢到家了，胖子也管不了那么多了，胸脯一挺，脑袋一热，接着来了句："我就是她男朋友啊！她没跟你说吗？"

胖子还以为接下来会很难堪，没想到那个男生尖叫着鼓起了掌，红豆轻轻叹了口气，笑着对胖子说："你终于肯说这句话了。"

7

就这样，胖子和红豆在一起了。

原来，那个男生已经和红豆成了好闺密（额，我好像明白了什么……），为了逼胖子表白，他俩联手演了一出戏。那些小礼物，都是红豆自掏腰包买的。

"可是……可是，你怎么会喜欢一个大胖子呢？还犯得着在我身上花这么多心思吗？"搞明白状况后，胖子还是觉得难以置信，他眼泛热泪地问红豆，就差让她扇自己一耳刮子看看疼不疼了。

红豆被他的表情和语气逗乐了，反问道："你怎么就知道我不喜欢胖子呢？我为什么就不能喜欢一个真心实意对我好的胖子呢？"

两人从此开启了"虐狗模式"。

从她家到单位得倒两趟公交车，胖子每天起大早，去她家接她，一见面就从衣服里掏出一杯用身体温着的热饮给她，然后一起去上班；下班后他带她去吃各种小吃——几乎把那条街都吃遍了。

他跟她一起在公交车站排队，怕她冷，也不在意旁人的目光，用自己的羽绒大衣把她包在里面，陪她坐车，把她送到家楼下，再一个人顶着寒夜倒公交车回自己的出租屋。

晚上，在有路灯的地方，遇到结冰的路面，他就背起她打出溜滑，她在他背上像孩子似的欢呼，他就来来回回出溜起没完，都快把那块冰玩坏了……有一次不小心摔了个大马趴，两人都紧张地问对方摔没摔坏，她说，我摔你身上了，都没碰到地，不疼。他嘿嘿笑着说，我肉厚，也不疼。

后来他业绩不好，不能继续留在那家公司了。他说："没事，反正天也暖了，又快到旅游旺季了，我回旅行社干我的老本行就得了。"但只要不出团，他都争取接送她上下班，和以前一样。

他会趁着大家都休息，带她去菜市场买菜，再偷偷溜进旅行社，借用设施齐全的厨房给她做好几道菜。西红柿炒蛋，可乐鸡翅，冬瓜汤，炝拌拍黄瓜……还焖了一大锅米饭。她一再制止他，说够多了，别再做了。可他却说，我就是想找机会给你好好做顿饭吃，我也不知道为什么，就是想。

那天他们吃完饭，把厨房也收拾干净了，外面却下起了大暴雨，越下越大，完全没有要停的意思。无奈之下，他们只好留在旅行社里过夜了。晚上他坐在电脑前，抱着她，跟着电脑外放的音乐，给她唱了一首《做我老婆好不好》。外面的雨声哗啦哗啦，她却觉得内心宁静，感动得忍不住落泪。他支上一张单人折叠床，又从柜子里翻出一件军大衣，一脸抱歉地说只好让她委屈一宿。她问，那你呢？他指了指办公椅说，我坐着眯一宿就行了。

有时赶上她休息，他就带她一起出短线团，鸭绿江，长白山。虽然她很少出远门，但只要跟他在一起，心里就特别踏实，连那些陌生小镇在她眼里都变得十分安详可爱。

他说，总让她跟团走，急急忙忙也玩不好，自己还得顾游客，感觉对她有所亏欠，所以一定要找机会单独带她出去玩，算是补偿。有一次他就推了一个活儿，带她去了哈尔滨。可惜正赶上旅游高峰期，问了好多家酒店都没有空房。两人在大街上游荡，一直晃悠到大半夜，走到巨型摩天轮那里歇了歇脚，突然发现马路对面有家书吧客栈，一时激动跨了道路护栏，结果他把裤裆跨开线了。还好那家店有空房。次日一早，她带他去附近的服装店试衣服，买了两身新衣服送他。他竟感动得够呛，红着眼眶说："长这么大，一直都是我送别人礼物，还没有人正儿八经地送过我什么呢……"

那年冬天特别冷，他挣不到多少钱，原本应该回老家猫冬的。可他想留下来陪着她，他知道她两三天看不到他就会很想他。他已经搬到了一家一楼的插间里，只有五六平方米，而且靠着一面山墙，与楼道只有一墙之隔。插间里没有暖气片，只有两根暖气管，貌似也起不到什么作用，冷得连说话都冒白气，在屋里待着也得穿好羽绒服。他不让她留在那儿过夜，怕冻坏了她，可她偏偏要留下，说两个人在被窝里互相抱着也冷不到哪里去。

厨房是公用的，又脏又小，只有几个暖水瓶和一个脏兮兮的水壶。每次他都抢在别人前面烧好水，调好水温让她洗脸，然后又端来一盆热水，让她坐着别动，蹲下去给她洗脚。虽然是他自愿且主动提出的，可她还是觉得不好意思——除了小时候爸妈为她洗过脚，再也没有人为她做过这种事。

他想让她明白，在他眼里，她永远是他的公主。

8

甜蜜归甜蜜，他们偶尔也会吵架。

有一次不知因为什么事，他把她惹得十分生气。已经是晚上十点多了，她气得要立马回家，他怕她冲回去惊动已经睡着了的父母，再跟着无谓忧心，就堵着门口紧紧抱着她，任她怎么挣扎、怎么打他，他就是不松手。后来她实在没招儿了，竟打电话报警，说她人身自由受到了限制，被人非法拘禁了。他在旁边慌张地解释，工作经验丰富的民警很快就搞明白了真实情况，让他们小情侣赶紧和好，别再闹了。

他看她气还没消，怕她还想着溜回家，就站在地上靠着门，让她死了这条心。她也折腾累了，就钻进被窝里躺着，先是直勾勾地瞪着他，后来就转身背对着他睡去了。

那天白天下了场大雪，夜里气温骤降。楼道的单元门根本关不严实，冷风好像能穿透那面薄薄的墙，直接吹到狭小的插间里。半夜她翻身，觉得身上压的被子很重，睁开眼发现他已经躺在左边了，几乎快靠到冷墙上了，身上只穿着两件毛衣，正冻得瑟瑟发抖，却把双人被折成两层盖在她身上，上身和脚下还分别盖着她和他的羽绒服。

那一瞬间她几乎要哭了出来，赶紧把身上的被子打开凑过去给他盖上，用胳膊使劲儿把他勾到自己这边，离那冷墙尽量远一点。他的脸和手脚都是凉凉的，她多想尽快把它们焐暖。

还有一回，她带他去参加朋友聚会，有个男生不知道是脑子搭错了弦还是想故意惹人难堪，竟往地上丢了一枚硬币，让胖子蹲下来捡，试试他行动是否灵活。红豆立马就来气了，其他人也觉得这有些过分。正当气氛即将跌至冰点之时，胖子二话不说，弯腰捡了，还憨笑着递给那个丢硬币的人，说："你钱掉了，硬币容易丢，快揣好。"

大家打打圆场，这事原本就可以过去了，可红豆却不干了，她狠狠地瞪了那个人一眼，拽着胖子就走。刚一出门，她就冲他发火：“你怎么那么窝囊啊？他有错在先，跟他闹翻又能咋的？反正我不在乎！”

"可我在乎。"胖子认真地说，"你才刚进入社会，很多事你还不明白，以后你就懂了。"

见他屁还屁得振振有词，她更气不打一处来，撇下他转身走了。他就在后面跟着，一直跟到她家。他怕惊动她家人，不敢站在楼下喊她，无论怎么打电话哄，她都不买账，后来干脆关机了。

次日一早，她出门上班，一出家门，就看见一脸可怜、满眼血丝的他向自己凑过来。

原来他找了两张报纸铺在地上，在楼道里守了一夜，想第一时间看到她，向她道歉。

"是我不好，惹你生气了……"

还没等他说完，她就哭了，立马冲上去抱住了他。

"……我保证以后不这样了。我保证。我保证。"他愣愣地抱着她，嘴里认真地重复着。

"你虎不虎？多冷啊，有没有冻感冒？"她抽了一下鼻涕，"我以后再也不做了，我也保证。"

9

那年 H7N9 禽流感横行，搞得人心惶惶，大街上的人都戴着口罩。

某天下班，胖子没有像往常一样直接送红豆回家，而是带她坐了另一趟公交车，来到了市中心医院。

"我们到这儿干啥呀？"她呼着白气问。

"你跟我走就知道了。"

他带她上了四层楼，问了好几个护士，来到一个位置很偏僻的科室，屋里有个看起来四十多岁的女大夫。

他叫她吕姨，简单说明来意，然后把红豆拉过来让她在椅子上坐好，从衣兜里小心翼翼掏出一个小玻璃瓶，递给了女大夫。

"我爸在生物制品研究所上班，这是他弄到的疫苗，是针对这次流感新研制出来的，还没大批量生产。那天他把我叫过去，给了我一支，让我过来找吕姨打……我寻思着，还是给你打吧，我壮实，免疫力强，没事。"女大夫抽药的空当，胖子跟红豆解释道。

"不行！这是你爸好不容易弄出来给你打的，怎么能给我呢？不行！"红豆拒绝。

"我让你打你就打，哪儿那么多废话……"胖子瞄了一眼女大夫，"听话，顶多再过半个多月，等正式上市了，我自己会来医院打的。你体质差，你先打！"

红豆还是拒绝，女大夫却说话了："来来来，我准备好了，不管谁打，赶紧给我伸出一条胳膊过来，这疫苗很娇，抽出来就得立马打，再磨蹭一分钟可就失效了。"

于是胖子一阵妖风似的跑出了诊室，溜进了男厕所。

"你不打完我就不出来。"

没办法，红豆只好接受了。虽然没怎么表现出来，但她心里其实挺感动的。

距离新型疫苗上市还有九天，胖子突然发热、咳嗽，被隔离了。

他瞒着她，骗她说临时有个团要出，让她好好照顾自己。

她不信："大冬天的你出哪门子团？你不是从来不出南方路线吗？"

后来还是在他睡着了，手机充电时，护士替他接了红豆的来电，把事情告诉了她。红豆知道后当场就崩溃了，立马跟领导请了事假，泪奔着杀到医院。

一闯进病房，她就指着躺在床上一动不动的他，带着哭腔问旁边正在收拾设备的护士："他咋昏迷了？没有意识了？"

小护士白了她一眼："睡着了而已。你仔细听，还打鼾呢。"

她不忍心叫他，就坐下来等他睡醒。可能是他睡得太香太有感染力，她趴在床边也犯了困。她刚要开始做梦，就被他的哭声惊醒了。

　　她被吓了一跳，立马精神了，不停推晃他，问他怎么了。他又"呜呜"地哭了几声，这才睁开眼，看到她那张皱着眉头很是关切的脸，窗子透进来的晨光打在她垂下来的头发上，很好看的样子。

　　他异常激动地猛然抱住了她，像个孩子似的委屈地说："我刚才梦见你被一个高富帅抢走了，你老妈还在旁边叫好，让我赶快滚……"

　　她扑哧一声笑了，说他是蠢猪，竟然做这么没头没脑的梦来，还能被吓哭，真不知道那猪脑子里整天都在想些什么，然后拿纸给他擦眼泪。

　　擦着擦着，他猛然意识到什么似的，迅速把她推开，弄得她一个大趔趄。

　　他迅速用被子捂住自己的嘴，隔着被子大喊："你快离我远点！我被隔离啦！"

　　"我不是打过疫苗了嘛，要不谁会放我进来——你虎不虎？"看着他一脸严峻、泪光闪闪的傻样子，她又被逗乐了。

　　"哦，对哦……"他放开了被子。

两天后，胖子被放了出来。

原来他只是普通感冒。

"我就说嘛，天无绝胖子之路。"他得意地说。

"傻缺，赶紧给我戴上口罩！"红豆戳他肚子。

10

胖子的经济状况越来越不好，又拖着行李搬到了一个更便宜的插间。她毫无怨言，跟他一起收拾东西。他心里很难受，觉得对不起她，害她跟自己吃了太多苦。

某天他突然买了半只她最爱吃的烤鸭，戴上附赠的一次性手套，一点点把肉撕好，然后对她说："快吃吧，我找到一份好活儿，赚到钱了。"

"什么活儿？"

"就是……类似销售的活儿，每天坐在办公室里就能完成。"

他犹豫了一下，补充道："只是上班时间比较早，可能不能陪你上班了……"

"没事！我早就别让你来回折腾了，你偏不听，我又不是去上幼儿园大班，你干吗成天送我去——你好好干啦！"红豆拿了一块鸭肉递到他嘴边。

"我不吃，我在减肥呢。"胖子推开她的手。

"好好的你减哪门子肥啊？我又没嫌弃过你，胖乎乎的抱着多舒服啊。"

"哈哈，你是没见过我瘦的时候。别人都说还挺帅的。"他臭屁地讲。

"要那么帅干什么？出去吸引狐狸精啊？"红豆又把鸭肉凑上去，"来，快点张嘴！"

胖子咽了下口水："那我可就只吃这一口。"

她好奇他在做什么工作，有一次悄悄跟着他，发现他下午在大街上发传单，晚上送她回家后，又去快餐店做夜班小时工，只为了赚 1.5 倍的薪资。

她心疼他，却更怕伤了他的自尊，就装作不知道，也不再问他工作上的事，只经常叮嘱他，差不多就行了，别太累。

可后来有一天，他早上又去她家接她上班了，还一副不开心的样子。经她反复逼问，他终于向她坦白自己一直在快餐店打工，一开始被分到总配，后来被嫌跟前台协调性差，调到后厨。后厨老员工经常偷吃，有一次被管理组发现少了好几个鸡腿，看他是新来的，就污蔑是他偷吃的，还说什么"那么胖，不是你是谁"之类的难听话。他争辩不过，只好走人。

红豆气坏了，拉着他要去找那家店的店长理论。他站着不走，低着脑袋，沉着嗓子说："算了，算了……好不好？"

"凭什么要白白受委屈！"红豆义愤填膺。

过了一会儿，胖子才说："受点委屈我倒是不怕……我是怕，再赚不到钱，我就该回四平了，不能继续陪着你了。"

红豆永远也忘不了胖子说这话时难过的样子。

11

胖子不愿意让红豆为自己花钱，觉得让她帮付房租是一件很丢脸的事。他没能坚持到临近过年，不得不收拾东西提早返回老家。她到车站去送他，大包小包地拎着他的行李。上车前他回头看她，觉得她站在匆匆忙忙的人群里，显得那么孤单。

刚回到老家那些天，他每天都在QQ上跟她视频聊天，好像总有说不完的话，总有事情想告诉她。春节前他陪妈妈去逛超市，买了一大堆吃的用的，她看到视频对话框里的他突然把一个全新的塑料垃圾桶扣到自己头上，想要逗她开心，用那种装可爱的语气和表情说："我就是个垃圾，连自己老婆都养不起，就该被装进垃圾桶里，可惜装不下我，连头都塞不进去……"

可她并没有被逗得开心。他看到她对着摄像头捂着嘴哭了，还很激动地冲他喊："快拿下去！拿下去！"

　　过完年之后他很久没有联系她，电话一直关机，发短信不回，QQ 也不上线。她担心他发生什么事了，差一点就不顾家人的反对杀到他的城市去——可实际上，即便她跑过去也没什么用，她根本不知道他家具体住哪儿。

　　她差不多每天都给他留言，让他不要自暴自弃，说她从来都没觉得他不够好，除了父母再也没有比他对她更好的人。可惜全都石沉大海，一丁点回应都没有。

　　后来她不得不让自己相信，他是以这种沉默的方式放弃了她，擅自结束了这段一直让他很不自信的感情。

　　一次朋友小聚，结束后我和红豆顺路回家，路过一所小学时，正赶上孩子们放学，门口有很多推着小车卖各种小食品和小玩具的小贩。红豆弯着腰挤在孩子们中间，买了一联汉堡形状的"口力"橡皮糖。

　　她撕下一个递给我，我拿在手里捏了捏，问："怎么有兴趣买这个？都有点冻硬了。"

　　她却自顾自剥了一颗扔进嘴里，不紧不慢地嚼了起来。

　　"我过生日那天，他塞给我四颗这种糖，说这是他小时候最喜欢吃的东西。我也没多想，随手就给办公室的许姐两颗。"

她顿了顿："后来我才知道，他之前带我出去玩，把钱都花光了，离发工资还有一个多礼拜，他没钱给我买礼物了，又不好意思开口跟别人借，就省下了两天坐公交车的车票钱，自己上下班都步行，然后给我买了糖。

　　"我没想到他那么虎。我当时就觉得，无论这个男的有没有钱，有没有出息，就冲他能对我这么好，能把他仅有的东西都给我，我都心甘情愿地跟着他，哪怕吃糠咽菜我都乐意。

　　"何况，其实他做导游确实做得挺好的，那几次跟他出团，游客都在私底下夸他，我听完心里老自豪了。他只是没遇到合适的环境，没机会好好发挥他的特长。他也是吃了心眼儿太好的亏。

　　"跟他在一起，我真的挺开心的。你也知道，我内心其实挺阴郁的。但自从跟他走到一块，发现他什么事情都看得很开，整天嘻嘻哈哈的，我感觉自己也阳光起来了。

　　"他能给我一种很踏实的感觉，只要跟他在一起，去哪儿我都安心……他真的是我的靠山——而且挡风面积大。"

　　我没忍住，笑出了声，看她没笑，我又迅速整理了一下情绪。

　　我们沿着那条马路一直往下走，她接着讲。

　　"他脾气真的很好，我从来没见他发过火。所以有些人就以为他很好捏，后来在单位里目睹了一些办公室斗争，我才想明白了，那其实是他的处世之道——他之前教给我的，或许都是对的。我不该嫌他窝囊，他当时心里该有多伤心啊……"

"你瞧，他都把我喂胖了。跟他在一起，永远没有担心体型的烦恼，因为他非但没资格嫌弃我胖，还总是鼓励我多长点肉——你能看出来吧？他胸其实比我都大呢……在他面前，我自叹不如。"

她红着眼眶，琐琐碎碎地说了一大堆，思维很跳跃，虽然她尽量让自己表现得很乐观，但我知道，她心里一定很难过。

回家后我给胖子发了一条微信：红豆很想你。

也不知道他会不会看到。

12

暮春的时候他又出现在她面前，要不是摘掉了墨镜，她根本都认不出来他了——他用将近三个月的时间减肥二十多斤，给了她一个惊喜。

而另外一个更大的惊喜是，他想办法贷到了款，找准了商机，做足了功课，跟老同学合资做起了小生意——虽然买卖不大，还刚起步，但至少比之前更稳定、更有干劲儿，也更有希望的样子。

那天他从口袋里掏出几张皱皱巴巴的纸，红豆一脸疑惑地接过来展开，看见上面工工整整地写着他自己作为胖子的种种优点。

"这是我之前暗恋你的时候给自己打气用的，每当我觉得自己配不上你的时候，都会掏出来读两遍。到后来，每当我觉得生活很辛苦，快要顶不住的时候，我也会掏出来看几遍，想着你，然后我就又相信自己了。"

"以前我不在乎别人的想法，我就是我，大吃大喝，稀里糊涂混日子，完全只为自己而活。但后来，我想为了你、为了今后的我们而活。我不想以后跟你出去，再被你的朋友们嘲笑你的男朋友是个没出息的死胖子。笑话我倒没什么，可我不想给你丢脸。"

"现在，我不是那个死胖子了，我也不再到处打工了。我不需要再一遍遍背这些优点了——眼下我觉得自己的优点只有一条，就是有一颗愿意为你变得越来越好的心。"

红豆早已哭得鼻涕一把泪一把，冲上去搂着他的脖子，高兴得直蹦。

她突然觉得，之前吃的一切苦，都值得。

13

胖子和红豆现在依然在一起，感情很好，已经到了谈婚论嫁的地步。

只不过，在她的威逼利诱下，他的体重很快又被他吃了回去——她心疼他，不许他再折磨自己。

他又做回了那个幸福的胖子。

我没住过那种又冷又狭小的插间，也很难想象那会有多苦。我不知道的很多事情，都是一起吃饭时她向我透露的，我又找机会向他求证了一些。他们向我说起那些经历时，脸上焕发着那种"老夫老妻"似的光彩，那些一起经历过的风风雨雨好像成了军功章般值得炫耀的东西。

我想，这样的情感或许更接近爱的真谛吧。即使房间再小再黑再冷，只要能让我们感到踏实的那个人在身旁，只要两颗心能紧紧地靠在一起，也能感受到最真切、最御寒的温暖。

我真羡慕他们。

爱是什么呢？或许就是，愿意把自己仅有的一切分享给对方，且心里产生一种越发强烈的欲望——想为对方变成一个更好一点、再好一点的人。

姑娘们放弃的从来不是什么"穷人"，而是那些不思进取，让她们看不到希望的人。

只要肯用心，人生总会有办法，爱情总会有活路。

就像他俩这样：一个愿意改变，一个愿意相信；一个愿意努力，一个愿意等待。

而在经历并看过了那么多分离之后，我们或许也该懂得：只要还有爱存在，就永远不要轻易放弃彼此。

谢谢你陪我轧马路

1

　　周悦和傅星宇是在微博上认识的。起因是她在一条热门的音乐分享微博下回复说"最喜欢这种清新慵懒的调调"，然后他给她的这条评论点了赞，还顺便关注了她。点进他主页的时候，她发现他跟自己住在同一个省份，微博里也经常分享一些音乐、书摘和摄影，弥漫着浓郁的文艺气息，她没多想，就回关了他。

　　差不多有两个月的时间，两人一直维持着松散的"点赞之交"，他在她晒的螺蛳粉照片下回复一个嘴馋的表情，她在他发的电影截图下评论说"这部很好看"。后来有一阵子，他总是发一些很伤感的短句，她开玩笑似的评论说："失恋了？"

过了一会儿，她又觉得自己跟他还不是很熟，那样问好像有失分寸，便又打开网页，希望能在他看到之前把那条评论删掉。可事与愿违，他已经看到了，还在评论栏里故作轻松地回复道："自古深情留不住！哈哈哈。"

她愣愣地看着网页，正犹豫要不要再敲几个字上去，右上角却突然蹦出新私信提醒。

"加个微信吧！我的账号是……"

也许是被失恋的人影响到了情绪，在一个晴朗多风的日子，周悦一时冲动，在 QQ 向自己暗恋了两年多的前辈表白了心意。对方好像一点也不惊讶，依旧心平气和地回话，她像个等待宣判的罪人，抱着一丝丝侥幸，期待着对方的最终结论，却还是只等来一句"我还是选择我们现在的关系"。

虽然她早有准备似的以"果然如此，我还是出局了"这样的想法来镇定自己，但被对方明确拒绝的那一刻，眼泪还是忍不住从眼眶里滑了出来。她兵荒马乱地随手敲了几句简单的话过去，本想表达一种坦然接受、无所谓的态度，却还是把话说得很刻意。

办公室里很静，只有敲击键盘和翻动纸张的声音。她努力低着头，生怕有同事透过工位隔断瞥见自己的悲伤。

经过几分钟自我调节，她终于平复了情绪，晃动鼠标唤醒刚刚进入屏保状态的电脑，发现傅星宇在微信上向自己分享了一个哈士奇搞笑视频。她看完，笑了。

"就在刚刚，我跟自己暗恋了两年多的人告白，不出意外地被拒绝了。"她敲了两行字过去，后面跟了个笑脸表情。

等了好一会儿才得到回复："这回不是我一个人失恋了，哈哈，谢谢你创造机会陪我！"然后，他又安慰了她一会儿——就像之前她安慰他那样。

2

周悦搞不清楚自己对傅星宇的感觉。她把这一切归纳为"两个失恋文艺青年间的惺惺相惜"。

直到某天早晨，醒来后她在微信上收到他昨晚深夜发来的几条长语音，是他在一档电台节目为她点了一首名叫《身体发肤》的歌，他把那段节目录了下来。

"我想把这首歌送给我一位未曾谋面的好朋友，谢谢她以自己的方式，在我心情最糟糕的时候陪伴着我。祝她永远快乐。"他在给主持人的留言里这样说。

她从被窝里坐起来，顶着乱蓬蓬的头发，以一种微妙的心情断断续续地听完了几条语音才容纳完的整首歌。粤语的，由一名女歌手演唱，陌生却很动听。

她恍了神儿，暂时把上班迟到要扣钱的事抛在了脑后，迟迟不肯下床。

长这么大，还没有人在电台里为她点过歌。

他们决定见个面。傅星宇说，他二十五号要来她的城市出差，想顺便请她吃饭。

距离见面之日还有将近两周时间，周悦并没有感到什么压力，反而觉得自己有大把时间来做心理准备。他们没有交换照片，她只知道他比自己大三岁，是做平面设计的。

她忍不住幻想他的音容笑貌：他多高？帅不帅？留什么样的发型？有没有鬓角？眉毛浓不浓？喜欢穿什么风格的衣服？手指甲有没有修剪整齐？抽不抽烟？爱不爱喝酒？笑起来是否有酒窝……

这是她第一次如此细致地揣测一个人的形象，发现竟然可以有这么大的想象空间。有时想着想着，她会突然在心里制止自己：不过是跟网友见个面罢了，用得着这么上心？

可人心就是这么不受控的东西，她越是提醒自己不要去思索，越是在无尽的遐想中下沉得更深。

3

结果，他们在 17 号那天就见面了。她在前一天晚上收到他的信息："我们可能要提前见面了！你明天下班后有时间吗？"除此之外，也没说什么具体原因。

这让她有些猝不及防。正当她对着手机屏幕犹豫该怎么回复他时，对话框里显示他刚刚撤回了一条消息。她没追问什么，回了句"那就明天见吧"。

其实那家饭店离她单位很远，她甚至都没听说过。下班后她急忙溜进洗手间，重新绑了绑头发，补了补妆，在楼下马路对面站了好一会儿才打到一辆出租车，心如鹿撞地往约定好的地点赶。

堵车。眼瞅着就要过了说好的时间，她不得不硬着头皮发语音消息过去，说自己可能会晚到几分钟。

"没关系！你注意安全，别着急！"

这是一家苏菜馆，门脸看着不起眼，里面却是意想不到的地中海式装修风格，十分清新明朗。她一进门就与坐在靠窗位置的他四目相对，两个人同时一笑，连打招呼的环节都省了。她自然而然地走过去，微笑着在他对面坐下来，好像彼此早已熟识。

傅星宇五官立体，长相大气，剪着利落的短发，脸上挂着一种令人舒服的笑。周悦起初在心里质疑这笑容，将其理解为一种初见新朋友的礼貌式友善。但经过一番交谈，她很快就推翻了自己的想法——他的笑容并未掺假，那种自然温暖的亲和力是拜良好的成长环境所赐。他帅得并不张扬，属于那种耐看的类型，让人感觉很踏实——但他身上不由自主散发出来的亲切感却又是一种令人难以抗拒的吸引，好像他三言两语，轻轻松松就能消除别人的设防。

"告诉你个秘密……"他突然神秘兮兮地说，"刚才有个体形特别圆润的女生在你之前进来，她也朝我这边看了一眼，我差点以为她就是你了……"

她被逗笑了。"那……我本人跟你想象的有差别吗？"她反问。

"我猜到你是那种文艺、清秀、才貌双全的女生，现在看来，跟我想的完全一致。"

她不由得害羞了一下，低头喝了一口汤。

他们其实都没吃多少东西，只顾着讲话了。在他的带动下，两人聊了各自的求学、工作经历，平时都喜欢干什么，小时候有过什么怪想法，这辈子又有什么理想……后来话题越来越宽泛，又从当时热播的一档综艺节目聊到音乐、电影、诗歌和小说。

"你最近在读什么？"他问。

"苏童，一本短篇集。读到一篇名叫《垂杨柳》的小说，很有味道。"

"垂杨柳？名字有点古典啊……讲的是什么呢？"

"一个跑长途的司机师傅，路过一个叫垂杨柳的地方，被一个站在道边揽客的姑娘领到歇脚的面馆里……"

故事梗概，人物形象，令她印象深刻的场景，以及她所理解到的意义和内涵……周悦七七八八地讲了一大堆，就好像被大学里的中文系老师"附体"了一般。而傅星宇就饶有兴致地听她讲，不时附和，偶尔惊叹，丝毫都没有厌倦的意思。

"果然是才女！好有见解！经你这么一介绍，我也想把这篇小说找来读一读了！"他兴奋地说。

不知不觉，外面天色已晚，店里只剩下两桌客人。傅星宇和周悦齐心协力，迅速消灭了一小盘千张包，这才结账走人。

那是个晴朗的夜晚，温暖，微风，星罗棋布。小马路两边的街灯静默地喷洒着鹅黄色的光，把眼前的一切映得格外柔和、安详。

他们肩并肩沿着这条路往下走，嘴上仍进行着方才没尽兴的话题。

"我们会计这行，其实挺枯燥的，每天面对各种报表和票据，整理，计算，做表，报税，请领导签字，远没有那些感性的职业有创造感。"她扭过头对他说。

"彼此彼此，我也是整天坐在电脑前捣鼓软件，构思，发呆，写写画画，每张图稿都要做上好几遍，好像不管自己有多努力，都没办法完美实现客户的要求——对方最后总是有些无奈似的说一句'那就这样吧'！"

"我懂你那种心情。"她立马应和道。

两人又相视而笑。

"不过你确实是个特别的会计，正常跟数字打交道的人，大都对音乐啊文学啊这些艺术方面的东西缺乏见解。而你却很懂得丰富自己，我得向你学习哈。"

"切，不敢当……"她又被他说得有些不好意思，低着头看自己的脚尖。

那条小马路又窄又长，却很快就走完了。他说刚才有点没吃饱，突然想起有一家涮串特别好吃，提议两人过去再吃一点。她犹豫了一下，答应了。

那附近车流量小，没有空的出租车来往，他们只好跟别人拼车。

坐在副驾驶的他大方地和司机聊天，好像突然想起了什么似的，回头对坐在后排的她说："周老师，除了苏童，你还能向我推荐一位你喜欢的当代作家吗？"

听到自己被这样称呼，她又不好意思起来，不敢去观察身边那位男乘客的反应，只好涨红着脸，抬头迎上他闪烁着光亮的眼睛，故作沉稳地说："海男我也很喜欢，尤其是她的诗。"

涮串的锅不断吐着蒸汽，暗红色的辣椒在汤底中忙碌地翻腾。店里人不多，傅星宇和周悦依旧谈笑风生。

"你喜欢摇滚乐吗？"

"一般，其实我不大喜欢太喧嚣的音乐——但我之前的上司，就很喜欢信的歌，每次去他办公室交报表，都听见他在用迷你音箱放着听，看有人进屋了，他再把音乐暂停。要不是亲耳听见，完全想不到他那样斯文、儒雅的人，竟然喜欢劲爆、嘶吼的摇滚风。"说完她笑了一声，又从一串鱼丸上咬下一块，开始嚼。

"哦？那他是个好上司吗？"他喝了半杯啤酒，问。

"当然。我刚入行的时候什么都不懂，他教我很多。很多容易犯错的地方，各种注意事项，我现在依然很受用。"

"嗯……那你很幸运。"他喝下剩余的半杯酒，然后又给自己倒了一杯。

出来的时候已经十点多了，马路上来往的车辆比之前少了一些。天上的星星好像也少了，取而代之的是交相辉映的万家灯火。

起风了，傅星宇给周悦披上了自己的外套，两人又沿着一条小马路漫无目的地走。

"我中专就是在这儿念的，所以对这附近很熟悉——喏，"他抬起胳膊指向马路斜对面的一幢大楼，"那就是之前的教学楼，现在已经搬走了。"

"这么巧？我高中也在这附近！"她也指了一个方向给他，"顺着那条马路一直往下走，过一个小路口之后就是我的高中……"

"天哪！"

"上学那会儿，我们几个要好的女生经常一起到这儿的综合市场吃午饭。"

"里面有个美食区，种类很多——食堂的饭总是容易吃腻。"

"你也知道？"她不可思议地看着他。

"当然，我也经常来。"

走着走着，天竟然滴起了雨。

"刚才我还以为是幻觉呢，没想到真是雨滴。"他抹了抹脑门说。

"这个季节就是这样，说下就下。明明还是晴天呢。"她掏出手机看了下时间，然后转过身对他说，"我得回去了——很高兴认识你，今天聊得很开心。"

"哦……好。我也一样，很喜欢跟你聊天！"他抻着脖子张望了一下车流，问，"你家在哪个方向？得往哪边打车？"

"南边。"

"哦，那我们得过马路，到对面去打车——我送你回去。"

"不用啦，我自己回去就好，你也累了，不用麻烦你。"她笑着推诿。

"那怎么能行，都怪我不好，只顾着让你陪我聊天，忘了看时间……这么晚了，你一个女孩子，我可不放心你自己回去。"

两人过马路的工夫，雨突然下大了。连个循序渐进的过程都没有，猝不及防地倾泻而下。他用外套和胳膊护着她跑，到马路对面后，她立马从包里翻出一把木柄折叠伞。

"你包里永远备着一把伞吗？"雨声很大，他凑近了在她耳旁问。

"是啊。"她把伞打开，伞很大，深棕色的简洁伞面，一点小女生喜爱的花样图案都没有。

"你真特别。这把伞很有质感。"

他们打着一把伞，站在路边等了好久，都没有打到空的出租车，想拼车都拼不到顺路的。他又领她移步到车流的上游处，站了几分钟，依旧徒劳无功。

雨越下越大，砸在漆黑的柏油马路上，激起了白色的水花。

"我来撑吧。"他一只手抓向伞柄，不小心碰到了她冰凉的手指。她缩了回去。

就这样又在雨里站了两分钟，他犹豫了一下，语气谨慎地对瑟缩在外套里的她说："我每次过来出差，都会住在这附近的一家连锁酒店——要不……要不我们先上去避避雨？等一会儿雨停了我再送你回去？"

她抬起头看着他，眼神里满是迟疑。

"我没有别的意思——我是怕你着凉。"他连忙补充道。

"没，我也没多想……嗯，好。"

4

打完卡刚坐到椅子上，周悦就收到傅星宇的短信："你能出现真好，爱你。"

她愣了一下，心里莫名有些失望——他竟这么轻易就说出了"爱"，如果替换成"喜欢"，就好了。

虽然她这样想，但"爱"这个字却好像有着某种魔力，一旦有人先说出了口，就会在对方心里悄然种下一颗种子。就像跌进眼睛的一粒尘埃，细微却又真实存在，以一种隐隐的触感提醒你去注意它，掂量它。

于是，在那个上午，她越来越心不在焉。不知不觉间，那颗种子好像已经萌发，吐丝，滋长，蔓延，在她心里肆意扩张，盘根错节。

她开始忍不住回忆昨夜以来的事。

起初他们在房间里继续聊天，她不时望向窗外，雨没有停的意思。时间临近十二点的时候他看了一下表，站在窗前观察了雨势，又掏出手机查询了未来十二小时内的气象预报，然后神情严峻地说："雨估计要下一整夜，反正开的是标间，咱一人一张床，睡会儿吧。怕你明天上班没精神。"

她听着外面的雨声，下意识地瞧了一眼整洁的两张床，纠结了一下，然后答应了。

两人依次洗完澡，盖着被子躺在各自的床上，又聊了一会儿天，后来她困了，没再接话。她听见他用遥控器调整空调温度的指示音，好像还问她冷不冷，她含糊地回应，迷迷糊糊刚要睡着，感觉他温柔地爬上了她的床，钻进被子侧身抱住了她。

他胸膛贴到她后背的一刻，她像触电了般，整个人都酥了。那个怀抱好温暖，温暖得令她无法抗拒。她感受着他的鼻息，似乎能还听到他的心跳声。单身很久的她，某个开关似乎被触碰开了，她没有睁开眼，转过身面对着他，只稍微调整了脖子的角度，就迎上了他的唇。

他的吻温湿而野蛮，就像一个渴了很久的人，大口大口地吮吸，想贪婪地喝光她。他们热烈地回应着对方。她感觉，自己浑身上下的每一个毛孔都在尖叫……

想着想着，她不由得摸了摸自己微微肿起的嘴唇。手机突然响了一声，打断了她的回味。

是他在微信上说："我回去了，刚上动车。过几天再来看你。想你。"

她盯着最后的"想你"二字看了很久，心里颤了一下。

5

休息日这天，周悦在家里洗衣服。不小心倒多了洗衣液，伸手进去搅了搅，好凉。盖上盖子，把模式设置为"轻柔洗"，定时五分钟，再点一下启动键，洗衣机内部随即开始剧烈运动，狭小的洗手间内顿时充满了嗡鸣声。

她疲惫地靠在洗衣机上，用抹布擦了擦手，拿过手机，看到傅星宇四分钟前发了一条朋友圈："天气柳暗花明，心却空空如也。希望晚上的 NBA 联赛能让我好受一些。"

她鼻子一酸，有热泪从眼里滚落出来，她用冰凉的手指抹了一下。

手机屏里，傅星宇上一条朋友圈发布于昨日。"这世上最容易的事就是失去联系"，配图是一张简笔画，一个小人用绳子吊死了自己。

整整三天，周悦都没有和傅星宇联系。他发消息过来，她也不回。就好像，她并不认识他这个人一样。

她确定自己爱上他了——这真糟糕，尤其在一个女孩对自己还不够自信的年纪。人们常说，当你真正爱上一个人的时候，首先要面对的，是自己的自卑心——此刻她已被自己的自卑心打翻在地，那"怪物"正用巨大的爪子牢牢地摁着她，让她觉得，自己根本配不上那样一个光亮的人。

不能爱。算了吧。她一遍遍如此劝诫自己。

她身心俱疲，决定听会儿歌来放松一下。随手激活音乐软件的"今日推荐"歌单，第一首是节奏欢快的小语种外文歌，接下来竟是一首深情款款的《领悟》。她强忍着眼泪听完整首歌，在下一首歌吐出歌词前及时关了软件，想以此防止自己的情绪变得更糟。她起身活动了一下筋骨，环视这个阳光很少的房间，站到窗前按亮手机，自嘲似的发了条微博："多么痛的领悟。"

她忍不住叹了口气。刚把手机放下，它随即就发出一声清脆的提示音。

傅星宇竟然"秒评"了她的微博："或许也是好的领悟。"

她没有回复他，而是假装毫不留恋，又及时删掉了这条微博。将手机锁屏，她内心久久不能平静，反复咀嚼起他方才的那句话。

你怎会知道我有了什么样的"领悟"……难道我的退缩对你而言是一件好事？

她正琢磨着，他竟又打来了电话。看着手机屏上突然蹦出的那个名字，她有些错愕，却又有些欣喜。

傅星宇。傅星宇。多么好的一个名字，似乎每个笔画都显得格外熟悉……她迟疑了一会儿，终于还是接起了电话。

"Hello！"他像往常一样，大方友善地打了招呼。

"嗯……"

沉默了两秒，见她不言语，他小心翼翼地问："你……最近还好吗？"

她鼻子一酸，不知该怎么回，只艰难地从嗓子眼里又发出一个沉闷、枯槁的"嗯"。

随后又是沉默。

"你是在忙吗……"他又问。

她似乎抓住了想尽快结束对话的"救命稻草"，这第三声"嗯"明显比前两次要利落、轻快，恰好伪装出一种不耐烦似的敷衍。

"哦……那我挂了？"他语气里尽是失望。

她不出声。

等不来她的热络，他只好又小声嘱咐了一句"你注意身体"。

挂掉电话，她眼泪掉了下来。

次日一早，她发了一条微信给傅星宇。

"你看错我了，我就是传说中的那种'绿茶婊'。我是逗你玩的。我跟一个做小生意的人在一起了，他对我很好。我们不要再联系了。"

这次，傅星宇没有"秒回"。

她原以为发完这样一条决绝的消息，自己就会轻松起来，可事与愿违，等待对方反应的过程其实更加难熬。

过了一个多小时，正当她认定再也不会收到他的回复，准备删掉他所有联系方式时，手机突然响了一声。

"无论如何，希望你能快乐。"

她把这句话读了好几遍，悲伤如潮水般哗啦一下从心里流淌过去，湮灭了某种微弱的期望。

6

一整个白天，她都过得浑浑噩噩，动不动就掏出手机看一遍傅星宇的那条"祝福短信"，越看越难过，越难过就越后悔自己说过的那些话。平时每天都至少发四五条朋友圈动态的傅星宇变得格外消停，她不知道他是怎样想的，是放弃"难啃骨头"般的那种轻松？还是……他也会因为自己的"突然退出"而有些难过？

但显然，她对后一种可能信心不足。

直到晚上八点多，她终于发现他朋友圈更新了一条动态——他分享了一首《剪爱》，除此之外，并未附注一字。她想起第一次见面那晚两人是聊起过这首歌的，他当时评价说，在众多翻唱的版本中，他最喜欢黄琦珊的演绎，坚韧自持却又痛彻心扉。

点击播放，她开始对照滚动显示的歌词，用一种从未有过的认真态度，一字一句地品味这首歌所包含的意义和情绪。听第一遍的时候她流泪，听第二遍的时候她破涕为笑。

她终于明白了他的心意，确定他是爱自己的。凭借这"重大发现"般的喜悦，回想他看自己时明亮的眼睛，她好不容易鼓足了勇气，写了一条微信给他："对不起！是我对自己太没信心，不敢相信你是爱我的，才编了个那么狗血的谎，说了那些难听的话。如果让你伤心了，希望你能原谅我。我只是不知道该怎样面对自己爱你的心，才选择了逃避。"

不一会儿，她就收到了回复："刚开机不久。自从早上回完你的消息，我就关机了，想静一静，不想被任何人打扰。这是我最糟的一天！我真的以为自己要失去你了！你不明白，能看到你这条消息我有多么开心！我不知道你在害怕什么，但只想明确地告诉你：我是爱你的！"

她高兴得差点又要哭出来，好像有一条小蛇从她心旁缓缓蹚过。她一鼓作气，趁热打铁，开始向他坦白自己："我家庭条件不好，母亲在我很小的时候就去世了，父亲在我十三岁那年离家出走，至今音信全无。好在我家原来的房子是记在我奶奶名下的，为了供我上学，她不得已卖掉了那套房子，让我搬过来跟她同住，我一直跟她相依为命。三年前，好不容易我工作了，想开始孝敬她老人家，她却胃癌晚期去世了。现在我独自住在她留下的一套小房子里。这些我没跟任何人说过。我工资也不高，每个月只有两千块多一点，但足够我养活自己。我也不太会化妆打扮，没人教过我，都是我自己随便弄，去年才刚刚开始用粉底液。我脾气其实也没那么好，有时还会有很多阴郁的想法。而且我有一双汗脚，夏天会出很多汗……"她语无伦次地不停打字，打到这里，眼泪不知怎么就流了下来。她抽了一下鼻涕，又补充道："希望你不要笑……我只是想让你知道，其实我并没有你想象的那么好。"

她又回头检查了一遍，修改了几个小地方，这才长叹一口气，点了发送键。

等了几分钟，没有收到他的回复。她心里又不安起来，猜他知道了那些"真相"后，是否已经改变了心意。又熬过了异常漫长的两分钟，她接到了他的电话。

"我被家人拖出来吃饭，都是长辈，说话不太方便，要不然我刚才就想给你打电话来着。看到你说的那些，我再也忍不住了，跑出来想亲口告诉你——"话筒里，他的语气十分严肃，"周悦，你听好了，我不是个容易冲动的人，但此刻，我想让全世界都知道我爱你。我爱你整个灵魂，我爱这个真实的你！我不管你成长的过程中有多不开心，那些都过去了，至少你在我眼里真的很好！我希望自己在今后的日子里，能给你带去尽量多的快乐！也希望你能相信我，相信你自己！"

他的声音低沉而坚定。听到他叫自己的名字，电话这边的她已经哭成了泪人，感动得不知该如何回应，只傻里傻气地不停点头说"嗯"。

挂了电话，她的思绪久久不能平静，就像自己刚刚中了五百万彩票一样。

她突然想起什么似的，重新抓起手机，在朋友圈里分享了一首《童话》，配文是其中的一句歌词：也许你不会懂 / 从你说爱我以后 / 我的天空 / 星星都亮了。

那一夜她兴奋得睡不着，坐在窗前像个好奇的小女孩一样观察外面的夜色，看星星眨啊眨，听外面走夜路的人发出的各种声响，又目睹天边一点一点泛白，天色一度一度亮起，心里感到十分安稳，头一次觉得整个世界如此可爱。

"谢谢你。"天大亮时，她忍不住给他发了这样一条消息。

7

热恋的过程总是甜蜜黏腻，不知疲倦。尤其当这发生在两个文艺青年之间，哪怕相隔两地，他们骨子里的那份热情与灵敏也足以填充这种物理上的距离了。

傅星宇早晨上班的时间要比周悦晚一些，每天都是她先醒，差不多在吃早饭的时候，会接到他醒后及时打来的电话——其实也说不了几句话，毕竟早晨时间都比较紧张。但他们就是想听听对方的声音。

周悦总是给他发很多很长的消息，告诉他自己在上班的路上听到一首好听的歌，公司马路对面那排樱花开了，办公室里刚才发生了一件好玩的事情……以及，借由任何细小的、独到的点滴，向他表达心里旺盛的思念。

而他总是掐好了不会影响她工作的时间，直接打电话过来，兴高采烈地——回应她消息里提到的内容，还经常说一些听起来很孩子气的有趣的话：

"刚才在开会，我在后面睡着了，你猜我梦见什么了？在用冰块给你的嘴唇消肿！哈哈哈……"

"你猜我在干什么？P你的照片！加上了大麻子和仙女棒！哈哈哈，不给你看！怕你打我！刚才一个男同事从我背后路过，看到了你的照片，问我'这美女是谁啊？有没有对象呢？给我介绍介绍呗',我说,去去去,这是我对象!瞧他那羡慕的眼神,我心里可高兴了!"

"我正要给你打电话呢,你短信就来了!这也太心有灵犀了吧!我吓得差点把手机掉在地上。还好我手快,不然你赔我!"

"我从网上订的《垂杨柳》到了!其实我已经很久没读小说了,托娘娘的洪福,小的也来提高下文学素养!"

……

当然,有时候他也会突然变得坏坏的:"老婆,我刚醒,你要是在我身边,我肯定让你下不了床……哈哈哈!"

五月二十日那天,他为她发了一条微博:"因为有你,周周喜悦!"

配图是一张某手机应用里当天的日历图签,画面是一个张着翅膀的天使,下方还有一行小字:"失踪了很久的钥匙,原来一直就在你的口袋。"

她举着手机,把这条微博看了一遍又一遍,直到眼睛发涩,渗出热泪。她刚要在这条微博下面说点什么,就又接到他的电话:

"我刚订好去你那里的动车票,公司这边忙完我就去见你!不过可能要晚一些,九点十分那趟!"

8

周悦有场所恐惧症，但她还是壮着胆子，大晚上去火车站接他。

这是她人生中第一次接站。出站口站满了人。她换了好几个位置，多少还是感觉有些紧张。时间倒是刚好，没一会儿就开始有人陆续从里面走出来。有来接孩子的父母，也有三五成群一起来接朋友的年轻人，当然，也有像她一样翘首期盼爱侣的有情人。在这相聚的温馨气氛中，他出现了，眨着那双炯炯有神的明亮的眼睛，兴奋地冲她傻笑。

他问了她的意见，带她去吃了饭。饭后两人又像初次见面那样，顺着眼前的小巷漫无目的地轧马路。与之前不同的是，她一直害羞似的保持着沉默。他也好像无意挑起话题，就静静地陪着她往下走，偶尔侧过脑袋看看她，两人相视而笑，都是一脸满足的样子。

"也是奇怪，没见到你之前，总感觉有一大堆话想跟你讲。见了面，反而一下子都想不起来了，大脑好像空白了，不知道该说点什么。"走到一座不知道名字的桥上的时候，她突然打破沉默说。

"平平淡淡才是真嘛！不是有人说，真正的爱就是不需要刻意制造话题，只要两个人在一起，哪怕不说一句话，也不会觉得生分、尴尬，只需要一个眼神就够了。"他不紧不慢地说，望着远处的万家灯火，不动声色地牵起了她的手。

十指相扣的瞬间，她感觉有电流从她指尖生成，扩散，漫过全身。

第二天他有重要的工作必须赶回去，已经买好了清早的车票。

酒店里，身材并不算高大强壮的他从床上站起，坚持要试试能不能抱动她。公主抱，对她而言，这又是一件从未有人为她做过的事。她紧紧地搂着他的肩膀，感受着他的力量，听着他的喘息，突然体会到一种幸福的眩晕。她不敢贪恋这感觉，怕累坏了他，立马要求他快把自己放下来。

夜很深了，他给她掖好被子，自己却没有要睡的意思。

"明天一早我又得和你分开了，我不睡了，想多看你一会儿——你快睡吧，明天不也得上班吗？"

"那我也不睡了，多陪你一会儿。"她眨着眼睛说。

"快睡吧，要不我可生气了。"

说完他俯下脑袋，在她额头上轻轻一吻。

"要是能用哆啦A梦的手电筒把你缩小就好了，那样我就可以把你随身带着，时时刻刻都能陪着你了。"闭上眼时，她听见他在耳边轻声说。

9

那两个人是谁？

这个疑问让周悦困惑了一上午。无论做任何事，她的心思都会自动跑到这上面来。

像很多恋爱中的男女一样，她也看遍了傅星宇发过的所有微博，甚至连里面的每一条评论都看了一遍，最终锁定频频与之互动且曾言辞暧昧的一男一女。

她又愤懑地排查了他全部的点赞记录，终于发现他曾为那个男生发的旅游风景照点过两次赞，为那个女生的自拍点过五次赞——就这样顺藤摸瓜，她还在那女生的自拍下面看到他曾评论说："这个角度好看。"

她越看心里越难受，但又舍不得关掉网页似的忍不住去发现更多"可疑的细节"。 直到心里的委屈和悲愤积累到了极限，眼泪不由得模糊了视线，她才关闭浏览器，趴在桌子上安静了一会儿。

忍不了了。她从焦灼的猜疑中抽身出来，决定主动出击，为自己的心情争取一个明确的方向。她又打开浏览器，迅速注册了一个小号，从网页收藏夹里打开那两个"可疑分子"的微博主页，给他们发过去一条内容相同的私信：

"你很爱傅星宇吗？"

发完私信，她暂时松了口气，开始假设对方回复的种种可能，又接着盘算自己该相应做出何种反应。她忍不住一遍一遍刷新自己的私信列表，竟一点动静也没有。

她的心便又悬了起来。估计都在忙，还没看到我发的私信吧！她这样镇定自己，分泌更多耐心。可当她中午心不在焉地吃完了饭，又心怀鬼胎地和他通完了电话，重新坐回电脑前时，却发现发出去的消息明明都显示"已读"了，自己却仍未收到任何回复。

她更气了，又立即发送了同一句话过去："拜托，吱个声好不好？我只是想知道，没别的意思。"

过了一会儿，她惊奇地发现，其中那个男的竟然已经把她拉黑了。而那个女人，其实也很快就阅读了自己的消息，却依然没有想做出回应的意思。

周悦由此断定，这两个人明显是心虚了，他们和傅星宇之间的关系一定不那么简单。

女人如果爱上了一个男人，分分钟会把所有生物当成自己的情敌。周悦就是如此，过度联想自己"希望看到"的有限信息，忽略了那些"暧昧对话"均发生于多年之前的事实，凭借一份雷打不动的确信，她把那两个人的微博主页截图发给了傅星宇，以一种"上门讨债"般的口吻质问道："你和他们是怎么回事啊？"

随后，她又接连发送了几张他们具体互动的截图，意思是她已掌握了大量证据。

傅星宇半天没有回话，这让周悦更加气不打一处来，又忍不住追问了两句。

"不是你想的那样！怪我没给你介绍过，这个男生叫王昆，是跟我从小玩到大的好哥们儿，平时在我面前总是没正形，我俩习惯了说些玩笑话。而那个女生，是他女朋友，我们三个之前经常在一起玩，就像亲人一样。"他慢条斯理地解释道，随后又补充了一句，"他俩已经出国两年了，今年春节时才见他们回来过一次。"

她自然不信，要求他拿出像样的证据以证自身清白。他一直显示正在输入中，却半天没发来一个字。

"你在编谎话？"她问。

"我没必要骗你！你刚才给我发的截图，都是多年前我们平日里的正常对话，是你的解读出了问题。"说完，他也发来一张截图，是一个男生在微信上把她发的私信发给他看，并问他，"这是你新找的女朋友？怎么把咱俩当成了基佬？她是不是……"后面的字被傅星宇打了马赛克，但仅凭直觉，周悦就能猜到，那肯定不是什么好话。

"别闹了，有机会再给你讲他们的事。也怪我，疏忽了。我还要回头跟他俩解释。"

原本这句话可以让周悦心里舒服一点，却没想到他后面又跟了一句话："只是我没想到，你会搞出这种事情来……"

那句话好像扇了她一个巴掌，她的脸立刻就红了。她愣愣地盯着电脑屏幕，缓过神儿后，飞快地发过去了一句"对不起"。

"乖啦。"

10

她开始发一些奇怪的话给他，比如有一次她突然问："你喜欢我什么啊？"

他好像被问蒙了，在电话里沉默了两秒，思忖过后认真地回答："除了漂亮，我还喜欢你的才情、自立和坦诚。"

她却并不满意，好像作为恋人，他理应从她身上挖掘到更多隐秘却闪亮的部分，给出更具说服力且独到的答案。

"还有呢？"她又问。

"嗯……我觉得你有一种其他女孩子所不具备的那种坚毅。"他小心翼翼地说，在保证表达清晰的同时，又害怕触动她哪根敏感的神经。

再比如，她会发一些很长很长的消息给他，细腻、生动地表达自己对他的爱和思念，落脚点却又总是她的彻骨孤单：

"我下班了，今晚的气温刚刚好，起风了，但吹在脸上、胳膊上也是暖的。我好想你，要是你现在在我身边就好了……"

"同事过生日，下班时她男朋友在楼下等她，说是安排了惊喜给她，她一脸得意地冲我们挥手告别，嘴都要咧到耳朵根儿了。切，好像只有她有男朋友一样……"

"你最近很忙吗？这两天怎么都只给我打一个电话？我发的消息你也不回，你是不是喜欢上别的人了……"

"对不起！我可能是太爱你了，我也控制不住我自己……你一定要享受我为你发疯的时候，因为这都是我最爱你的时候。"

"我也想不那么爱你。那样就不会这么痛苦了。"

……

这天中午，她忍不住打电话过去，他挂掉没接，发消息过来说，公司接了个加急项目，正在开午餐会议，晚上会打给她。

她悻悻然放下手机，它又响了一声。她以为是他又发了消息过来，结果却是一个朋友发来的求助短信："大悦子，我搬到你家附近来了。下班后你有空吗？想请你过来帮我收拾一下屋子。"

她哪有那心情，原本是想推掉的，但转念一想，嘴角一翘，还是应承了下来。

"Hello！我还没忙完，借着上洗手间的机会，跟你说两句——你在家里看电视呢？"

听傅星宇这样问，周悦放下手里的抹布，冲正在搬东西的两个男生笑笑，赶紧从开着的电视旁走开，跑进相对安静的书房里跟他说话。

"不是，我在朋友家里玩……"她停顿了一下，故作神秘地没有往下说。

"是女生吗？"

"不是，是男生——就是之前跟你说过的，追过我的那个男生……"她压低声音，扭头看了一眼门口。

"哦……"他沉默了一会儿，然后说有空再打给她，就挂了。

她原本在聚精会神地捕捉听筒里他的情绪变化，没想到他就这样擅自结束了通话，连她准备再说点什么延长交流的机会都不给。

她有些措手不及，转念一想又有些得意，料定他一定是吃醋了——她就是要让他吃醋，看他是否在意自己。谁让他最近"表现不好"呢，算是对他的一点点"惩罚"。

她揣起手机，心满意足地回到客厅，对朋友说："快把电视关了吧，都试这么长时间了，明显没什么毛病！"

次日深夜，周悦收到傅星宇发来的一条消息，是他翻唱的一首《到不了》。他唱得很用情，一些地方听起来好像临近哽咽，又好似醉酒后的怪异腔调。她努力从他的演唱和歌词中寻找他想表达的意思，却也还是猜得不清不楚。

"怎么了？"她试探性地发了一句话过去。他没回复。已经快一点了，她不知道他是不是已经睡了。

她迷迷糊糊地又等了一会儿，还是没有消息，就闭上了眼睛。直到凌晨三点多被手机提示音惊醒——是他的回复："没什么。"

之后他差不多有好几天都没主动联系她，她发过去的信息也都石沉大海。一天中午，她终于按捺不住了，草草吃过午饭后，到公司的院子里打电话给他。阳光那样好，花坛里还传出悦耳的虫鸣。听完一长串等候音，电话里终于响起了那句熟悉的"hello"。

"你……还是很忙吗？怎么这几天像消失了一样？"她忍不住问出口。

"嗯，还没忙完。"

然后两人就一同沉默。她不知道该怎么接话，只好又慌里慌张地说："你要是遇到了什么不开心的事，一定要跟我说哦，我们一起分担……你说什么我都不会烦，我就怕你不理我了，把我当外人……"

"没事，你别胡思乱想。"他轻声道，听不出情绪。

"我也不愿意胡思乱想，但我满脑子都是你，想知道你过得好不好，想知道你为什么不开心，想知道你有没有也很想我……我不知道该怎么表达了，希望你懂。"

他好像笑了一下，听起来却又有些苦涩。有同事也在院子里遛弯儿消食，她转过身来，移步到一个更隐蔽些的位置。

"想那么多干什么？"

原本以为他会接一句"我懂"，或是给自己一点安慰，不想却只等来这样一句意味不明的话。

她傻傻地杵在一辆不知道已经停放了多久的"僵尸车"旁，任由他又一次挂掉了电话。

即便已经很努力地开导自己要尽量乐观，她还是那样清楚地感觉到，好像有什么东西不一样了。

11

时隔二十四天，他们约好再度见面。那天是休息日，她起了个大早，把自己所有的应季衣物都翻腾出来，照着微博上被大量转发的穿衣样板笨拙地搭配。好不容易选好了衣服，她又连忙收拾好沐浴包，跑到楼下的公共浴池去洗澡。

他说他坐中午十一点半那趟动车，两人见面后一起吃午饭。时间还来得及，她怕错过他的电话或信息，特地把手机装入事先买好的防水袋，带进了沐浴区。她认真地清洗自己，尤其是头发，足足打了三遍洗发水。一想到马上就能见到朝思暮想的恋人，她开心地哼起了歌。有水珠从天花板滴到她的额头上，她也不恼。

洗完澡，她像小鸟似的飞快地跑回家。即便他不让她去，她还是想再到火车站去接他。她着急忙慌地吹干头发，换上那套搭好的衣服，又简单却细致地擦了点粉，看着镜子里的自己，她满意地笑了笑，觉得终于准备好可以去见他了。

她正在穿鞋，手机响了一声。

"对不起，老板临时安排了一个活儿给我，我推不掉，可能得过两天再去看你了。"

她怎么也想不到，昨晚还跟自己认真规划相聚行程的他，却在这节骨眼上放了自己鸽子。她的心情一秒从天堂跌到地狱，尝到了一种类似被欺骗的感觉——以至于，她暂时忘记了教养和理智，在微信语音消息里不加修饰地表达着自己的失望、愤怒和委屈："你这个人怎么能说话不算数呢！你知道我为了见你，从早到现在做了多少准备吗！你真是太让我失望了——你自己说，我们都有多少天没见过面了！我看你根本就是不想见我，何苦编这种借口！"

她一连说了好一会儿，他都没有回应。后来她说累了，他才回了条文字消息："对不起，我也不想。"

"别跟我说对不起！我最不喜欢听你说这句话！"她几乎是在对着手机咆哮。

"对不起！过两天我一定去看你，等我消息。"

她一脚甩飞还没扣上鞋带的凉鞋，看着落地镜里悉心打扮却一脸绝望的自己，突然觉得有些可笑。

在她迫不及待地要求下，他在一个工作日的晚上来到她的城市。好巧不巧，却又赶上她有几笔账没算完，他就在一家与她公司隔了两条街的咖啡店里等她。

见到他的那一刻，她开心得像孩子，拎着包颠儿颠儿地向他跑来，给了他一个大大的拥抱。他还是平和地笑，露出洁白的牙齿，眼神温柔得好似在面对一只可爱的小白兔。

跟之前的规划一样，他们去吃了一顿中高档日本料理。她第一次去那家店，有些好奇，又有些胆怯。好在他都看在眼里，十分自然地为她打理一切，轻声细语，分寸刚好，没让她感到任何难堪。

她吃得很开心，他就像初次见面时那样，认真地看她咀嚼。

从店里出来，他们又顺着门口的马路漫无目的地溜达。酒量很差的他方才喝了两小壶清酒，此刻已经微醺。夜风一吹，原本目光有些呆滞的他，似乎又精神了许多。

"唉？再往前走，是不是就是上次我们路过的那座不知道名字的桥啊？"她突然回头，指着前方兴奋地问。不远处街灯的光亮透过她的发丝，眼前的一切如梦如幻。

"好像是……"他愣愣地答。

"我之前怎么对这座桥一点印象都没有呢？上次也忘查了，它到底叫什么名字——"说着，她摸出手机，转身张望附近的指路牌，"我查查看。"

"干吗一定要查出来呢？"他制止了她，"查出它叫什么名字就破坏气氛了，还不如不去管它，把它当作你我之间的小秘密，这样不是更好吗？"

"也是哦……"她看到有东西在他眼睛里闪烁，他每一个细微的表情，吐出每一个字的声音，都是她喜欢的样子。她立马揣起了手机："嗯，不查了！"

　

他们边走边聊天，还不知不觉地穿过了一个公园，如果不是他一再问她脚疼不疼，累不累？她好像没有想停下来的意思。

他们坐出租车去了那家熟悉的酒店。刚进房间，她就抱着他忘情地亲吻。两人倒在床上，他温热的鼻息喷在她的脸上、脖子上。她感到，仿佛有一股美妙的能量随着血液在她的身体内飞速游走。在这久违的时刻，她愿意把完整的自己放心地交给眼前这个人。她闭上了眼，不再有任何动作，尽可能地放松自己，在床上躺成个"大"字，顺从地等待着他的"宰割"。

可她怎么也没想到，他竟然在亲吻她颈部的间隙，自言自语似的冒出一句："你有没有背叛我？"

虽然声音很轻，可她还是听得一清二楚。

12

他和她分手了。那晚亲热过后，他便开始一言不发，只坐在床边看电视里的国际新闻。

她冲完澡从洗手间出来，一边哼着歌，一边用毛巾擦不小心淋湿的发尾。看他没反应，就凑过去，用胳膊环着他的脖子，俯在他身上问："你累了？"

他还是不说话，也不看她，不回应她正捏着他耳垂的手。

"你也去冲冲吧。"她松开他，又说。

"我们……不要再继续了。"他像块石头一样一动不动，沉着嗓子说出这样一句话。

"刚才不是跟你解释过了吗？我没有背叛你！那天晚上我只是去那个人家里帮他收拾点东西。他搬家了，自己忙不过来，叫了好几个朋友去帮忙，又不是只有我在——我是故意气你的，看你会不会为了我吃醋，虽然他之前追过我，但我和他什么都没发生过，只是单纯的朋友关系……"

她蹲到地上，去迎他的目光，完完整整地又交代了一遍。

"不是因为这个……"他欲言又止，好像不知道接下来的话该怎么说似的，"我应该相信你的，不该不小心问出那句话……"

"既然你相信我，为什么还要跟我分手？"她乘胜追击。

他又调整了一下脖子的角度，避开了她的视线。

"其实我一直在想，我们的性格是否合适。"

"合适呀！我们在一起多开心啊！难道你不开心吗？"她马上接话说，又一脸期待地直视着他。

"我承认，刚开始那段时间，我是很开心，但后来……"看得出，他在艰难地组织语言，"这么跟你说吧，我从来都没跟你讲过，其实我特别喜欢看你发给我的那些很长很长的信息，只要有空，我就会掏出手机反复读它们。读完后我会觉得自己好幸福，想自己何德何能，能被你这么细腻地爱着。我甚至把那些短信备份到了云端，觉得这可能是我这辈子里，得到过的很珍贵的东西了……"

他不小心对上了她的眼睛，发现她也跟自己一样红着眼眶，而且一副认真的样子，好像在鼓励他继续说下去。

"可是……后来你发给我的信息，我就不太喜欢看了……因为总感觉，里面掺进去了越来越多的抱怨、指责，各种负能量的东西，让我……看了不再感觉幸福，也很有压力。"

说完他叹了一口气，好像终于完成了一项艰巨的任务。

她本想为自己辩解些什么，却红着脸，一时语塞。

"我……好吧，我承认，那段时间是我情绪不够稳定，总爱胡思乱想，朝你乱发脾气……但，我那也是因为太在乎你啊……"她越说越没底气，眼泪汪汪地看着他。

"所以我一直在想，是不是我哪里做得不够好，才让你变成那样了……后来我觉得，你好像……"他顿了顿，干咳了一声，好像在搜寻一个恰当的，又不至于对她产生太大杀伤力的词汇，"越来越不懂事了。"

可听到"不懂事"这个评价时，她的眼泪还是不争气地流了下来，好像被他扇了个耳光。

那天晚上他们一夜未眠。她怎么也无法接受眼下的局面，绞尽脑汁，声嘶力竭，请求他收回那个令人难过的决定。

"要不我们再努力一次吧！我发誓我一定会改好，乖乖懂事，再也不抱怨，不使小性子，不给你压力，不惹你不开心，好不好？就再给我一次机会，也给'我们'一次机会，好不好？"

"我钻研过你的星座，也了解了你的回避型人格，这次我有绝对的把握，能让我们的相处变得更开心！我会好好配合你的！希望你能相信我！"

"以前我是对自己太不自信了，觉得你这么有才，这么绅士，还这么帅，怎么可能会真心实意地喜欢上我这样一个平凡的姑娘……所以我有点受宠若惊了，就各种瞎琢磨，害怕随时会失去你。可现在我知道你是认真爱我的，只要我们完全信任彼此，就没有跨不过去的坎儿！"

……

说这些的时候，她一脸认真且积极的样子，还不断向他抛出坚定的眼神和鼓舞的笑容，仿佛被传销组织的讲师"附体"了一般。

可即便她使尽浑身解数，他依旧呆坐在床边不为所动，不时在她讲话的空当为自己陈情一二，但调子依然压得很低，态度一点也没有松动的意思。

"别说了，你嗓子都哑了。我从不轻易做决定，一旦做了决定，无论如何都不会再更改。我就是这样的性格！趁天还没亮，赶紧眯一会儿吧。"

他竟如此决绝。她心里一凉。

她还是不懂，她的深情，才是他最大的负担。

两人侧身分别躺在床的一边，床中间空出很大一块。他是故意的，想以此让她明白自己分手的决心。他们背对着背，谁都不再讲话，各自心怀鬼胎地待了一会儿，他隐约听见有细微的奇怪的声音，便扭过头去看她，发现她已经啜泣得肩膀直颤。

没过多久，天便亮了。她故作坚强地擦干眼泪，从床上爬起来，径直去洗漱。等她用完洗手间，他走进去的时候，看到她已经为自己挤好了牙膏——就像从前那样。

外面天是阴的。他们漫不经心地吃了几口饭，她坚持由她来埋单。出来后，两人又沿着门前的小巷往下走。他们路过之前一起吃过的那家涮串，路过了一起去买过矿泉水的超市，路过了求学期间都时常去吃午饭的那个综合市场……她抬头看了看天，乌云顶在头上，给人一种压抑的紧迫感。正好有一辆出租车开过来，她一抬手，扭头对他说："你快上这辆车赶去车站吧，你们不是还有项目没做完吗？快赶回去吧，看样子马上就要下雨了。"

"不再逛一会儿了吗？"他问。

"不了，快走吧，你看这天，要是被雨截住，就惨了。"她拉开车门。

"那我先送你回家吧！咱俩一起上车，然后我再去车站。"他神情严峻地看着她，又补充道，"来得及。"

车上，两个人像普通朋友一样轻松自然地谈笑风生，司机师傅肯定想不到，他们其实是一对刚刚经历过痛心分手的情侣。

到了地方，他原本还要把她送上楼。她却又以"天马上就要下雨了，不好打车"为由，把他推回了车内。

"师傅，快拉他去站前。"她朗声对司机说，又扔了一张百元钞票过去。

替他关上车门之前，她把两人曾经一起撑过的那把雨伞硬塞给了他。

她看到他在车里向她挥手。她并没有目送那辆车离开，而是很快就转过了身。

转过身的一刻，眼泪如决堤的洪水，再也无法抑制地流了下来。

我会开心地跟你道别。希望你记住的，是我漂亮时的样子。

13

她强忍着，不再联系他——即便她还是会偷偷去看他的各种社交主页。

他开始在微博里沉默寡言，除了每天更新一张日历图片，他不再像从前那样转发分享各种文艺腔调的东西。

他开始在微信朋友圈里发一些看不清内容的照片和读不懂意思的话，却莫名给人一种孤独忧伤的感觉。

他QQ状态显示，他经常半夜听一些伤感情歌，《心动》《可不可以爱》《梦一场》《不爱》《用心良苦》《如果云知道》……每一首歌的每一句歌词，都好像在传达某种难以言说的思念和伤感。

已化身为福尔摩斯的她，反复推敲着关乎他情绪的每一处细枝末节，心一次又一次地，在悲情中疼痛至死，又在感动中原地复活。

这样熬了半个多月，她终于决定从这种"自虐"中逃脱出去，毅然决然地删掉了他的所有联系方式。

删之前，她在微信上留言说："我们没在一起也好，我要把你的联系方式都删了。这辈子我们再也不要联系了。祝你幸福。我也会幸福。"

她等了十几分钟，确定对方真的不会再回复自己，就忍着热泪点了"删除"。

可她的心情并没有因此变好。刻意的远离只能催生出更浓的想念。她每天还是会动不动就想起他，想他有没有走出失恋的惆怅？有没有跟别人展开新的恋情？有没有……刚好也在想自己？

这种未知是更折磨人的。于是在分手后的第三十二天，她又一次改变了策略，装出一副已经洗心革面的样子，凭借对他手机号码的记忆，又厚着脸皮给他发了一条短信："郑重声明：本人已经彻底放下你了。或许我们可以成为很好的朋友。"

她以为，按照他的性格，这次他也不会回复。却没想到，才过了一分钟，就收到了他的消息："你真棒，我要向你学习。"

看着这几个字，她又鼻子一酸。

"你在干什么呢？我的好朋友。"趁着他会回应自己，她追问。

"我在雨中漫步，撑着你送我的伞。"

他发来的每个字都像躲不过去的小飞刀，准确无误地插到她的心上。

她怕暴露真实情绪，想了半天，也不知该怎样回复。

她索性又把他的微信加了回来。他没删她的号，不需要验证，她就直接把他加为了好友。

她第一时间去看他的朋友圈，发现在自己给他发那条短信的七分钟前，他果然更新了一张在雨中漫步的照片，画面上方确实是自己那把雨伞的伞沿。

他还分享了一首孙燕姿的歌，《雨天》。

她偷偷塞上耳机，忍着泪点击了播放，听到"除了你给的伞／我再也没有／别的借口／去拥有你的什么"这句的时候，有东西滴到了桌面的财务报表上。

是啊，原以为我们完完全全地拥有了彼此，可到头来，除了一肚子心酸，我们还能拥有什么呢？

真遗憾，我们都不肯为对方拿出更多勇敢。

两人就这样"相安无事"了一年多。其间，她不时以好朋友的身份向他表达各种关心，他都甚少回应。但因为他一直更新着那种日历图片，她始终相信他对自己的爱并未间断。

　　于是，第二年七夕那天，还不死心的她，鼓起勇气给他发了一条很长很长的求复合消息，称自己已经坚强、成熟了许多，希望他能够看到自己的改变。虽然措辞文艺到有些搞笑，却也承载着她的一片痴心。

　　他很久才回："我要结婚了，不想再牵扯你。"

　　他终于还是使出了这招"撒手锏"。在看到这句话的那一刻，她的机灵善辩和所谓的"坚强、成熟"都瞬间倒塌。

　　她哭着打了很多字，却又打了删，删了打，最终只发过去一句"恭喜"。

　　"你也快结婚吧！你会遇见真心对你好的人的。"

　　她心里有些悲凉。会遇见真心的人？难道你对我、我对你，都不真心吗？

　　"没事，我一个人也挺好的。等你结婚了，我就不等了。"她面无表情地敲下这句话，然后叹了口气。窗外灰蒙蒙的，雾霾很重。

　　她没有再删除他的联系方式，也没有再跟他说一个字。

　　过了几个月，她在他朋友圈里看到他和一个女人去三亚拍的婚纱照。那个女人说不上特别好看，但五官也不算让人讨厌，身高不高，微胖界人士。两个人脸上都露出幸福的笑容。

她好羡慕那个女人，觉得她是全世界最幸运的一个。她头上的发饰，手里的捧花，脚下的游艇……这一切的一切，都让她那么羡慕——她从来没有那么羡慕过一个人。

他早已不再更新那种日历图片了，微博里也是一副荒废掉的样子。她发现跟他要好的一个同事前几天发了一条微博，@了他，说"我的好兄弟，再过一个多月，你终于也进入已婚大本营了，预祝你结婚快乐！"

她没有再难过，反而出奇平静。这么久了，她一直在等待他的婚期，那么害怕，却又那么期待。那一瞬间，她终于释怀了，像刚刚验证完一个特殊的"约定"，确认他并没有"说谎"。

"终于，无论你发什么东西，我都不会再往自己身上联想了。你有没有爱到我，会不会怀念我，那是你的事，我不管。我终于明白，那个答案于我而言并不重要。重要的是，我确定自己真的爱到你了，每次路过那些地方，想起那些往事，心里还会像当初那样感动，似乎又乘着记忆开心了一遍——你说，这算不算我的收获更多一点呢？就为了这，谢谢你啊。就为了这，希望你好。"

抱着一种轻松的心情，她在网络日记里偷偷写下了这样一段话。

14

七年后的一天傍晚，刚刚忙完工作的周悦挤进地铁。身后有一个女学生背对她站着，巨大的书包把她顶得很不舒服。好不容易坚持到下一个站台，趁着有人走动，她赶紧往里面挪了挪位置。

如果不是再三确认，她根本不相信迎面坐着的男人竟是傅星宇。他发现她的那一刻也同样诧异，好半天才说话。

"是……是你？"

"嗯。"

"怎么会在这儿遇见你呢……来，你快坐。"他缓过了神儿，连忙起身把座位让给她。

"不用了，再过两站我就下了——我刚从税务局回来，平时都不坐这个，今天实在打不到车，才坐了一次。"她故意说些无关紧要的话，以此掩饰内心的慌张，"你……你呢？真没想到会在这儿遇见你。"她用手压他的肩膀，让他赶紧重新坐好。

"我过来出差，没意思，就四处逛逛——这几年，城市发展变化真不小。"

"是啊……"

那天，他跟她一起下了地铁。他们像当年那样，沿着一条小路漫无目的地往下走，边走边聊这些年各自的变化。

"你怎么都有白头发了？"她轻声问，风刮过来，原本扎着的头发有几根窜散出来，她下意识地撩了撩。

"我也不知道，可能操心的事太多？"说完，他自嘲似的摇了摇头。细看之下，除了白头发和眼角的细纹，他其实和从前也没多大差别，说话还是那么沉稳，眼睛里也还是有闪光的东西。

她没接话。她眼神里少了几分天真，脸颊也比当年圆润了些。

两人都没吃饭，就找了个饭店吃了一些。席间对话不多，都各自只顾往嘴里塞东西，小心翼翼地咀嚼，不时用眼睛打量对方，若有人被发现了，两人就一同抿嘴而笑。气氛不热络，却也不算尴尬。

从饭店里出来，两人又开始默默轧马路。不知是谁先挑起了话头——又或者，在这样的情境下，有些话自然而然就溜了出来——他们开始回忆多年前的那场相恋，说说各自感怀、印象深刻的部分。

"其实我最怀念初次见面那天晚上，我们就这样不紧不慢地轧马路，不知道要去哪儿，也没什么可着急的，就随便走走，看了一些平时我都没去过的街道……"她沉浸在回忆里，一脸陶醉地说。

"我也是。我最喜欢那天晚上的你。跟你聊天我觉得很舒服，有时哪怕我们都不说话，心里也觉得很安稳。"

"其实我看到那条被你撤回去的消息了。"她突然神秘地说。

"哪条？"

"就是原本约好了初次见面的时间，你却又临时把时间提前了……"她提示道。

他用一种不可思议的眼神看了看她，然后挠了一下头，开始努力回忆。

"哦，我想起来了！我当时好像发了句'我想早点见到你'，又觉得太突兀怕吓到你，就赶紧撤回了……"

"可是我还是看到了。"她做了一个与年龄不相宜的鬼脸。两人都笑出了声。

"我记得有天晚上我去车站接你，我们也是吃完饭出来遛弯儿。你把手放在我的脖子后头，突然用坏人的语气对我说'乖乖别动，这里有穴位，我一用力，你可就没命了'，切，有时候你就是爱开这种低幼的玩笑……"她看了看他，确定他在认真听，"你还指着路边的一辆长安面包车，考我这是什么车标。"

"嗯……你很健谈，从学生时期得的奖状到工作后获的年终嘉奖，你都告诉了我，还给我分享了你爱看的书，谈了你自己的理解——我当时就觉得，你真是个好有才的姑娘啊！"

"屁啦！"她害羞地打断他，"当时年纪小，各种显摆，想在你面前把自己包装得尽量优秀——唉，真是太丢脸了……我当时说那么多干什么啊！"她笑着抬头看看天，躲开他的视线。

"你还记得我们第一次拥抱，我吻你鼻子吗？"他问。

"嗯。"

走了几步，她又说："你还在出租车上回头叫我'周老师'，我至今还记得你故意向别人炫耀我时的小眼神儿，太逗了。"

害羞的人这回变成了他，看见街边有人在卖康乐果，他赶紧去买了两袋，以此躲过她的注视。

两个大人，像小孩子一样吃着康乐果，继续沿着城市的脉络散步，也不管方向，看见路口就拐，仿佛无论去哪儿都可以，想要的只是"轧马路"这个过程本身。

"我还记得确认关系的前一天，你看我秒删了微博，打电话过来，那语气，欲言又止，好像话都堵在喉咙里，就是不敢说似的……"

"当时你已经好几天都没联系我了，我很担心你，却又不知道该怎么办。"

"不好意思，当时让你困惑了那么久。"她低下头，突然伤感地说。

"不不不——该说抱歉的是我！我不了解你的成长经历，不知道给你造成了压力，让你那么不安，在你失控的时候也没办法陪着你……"

她抬起头，冲他开朗地笑了笑：“爱情里，果然只有彼此试探的阶段才是最美好的。”

抛开沉重的话题，他们路过了一条小吃街，两人又各自买了点东西，就着热闹的氛围，又回忆了一些高兴的事。

“我永远忘不了，你说无论真实的我是什么样子，你都爱我整个人的那天夜里，我坐在窗前，看外面的星星，直到天亮的那种心情。”

他咽下一块烤鱿鱼，不紧不慢地说：“还有那回我们在喷泉下歇脚，有个大长腿的女人，穿了个短到夸张的裤子路过，我故意逗你，她都走远了，我还盯着她看。你当时醋坛子就倒了，嘴都噘了起来，故意用脚后跟踢石阶，发出很大的声音。看你那小样儿，我当时心都化了，要不是旁边人太多怕你不好意思，我真想立马亲你一下！”

她定定地看着他，突然笑出了声：“那时候我们都好幼稚哦！”

“是啊。”

她本来想再说一句“谢谢你还这么清楚地记得那些事”，却还是没好意思说出口，又把话吞了回去。

“自从跟你在一起，我聊天都习惯加感叹号了！”她故作可爱地对他说，语气就像个等待老师表扬的小学生一样。

"是吗……也多亏了你的推荐，我真的喜欢上苏童写的东西了，读完了那本《垂杨柳》，我又读了《红粉》《米》《河岸》和《妻妾成群》……后来我逢人就推荐他的书。"

"你们……有孩子了吗？"不知又走了多久，她终于鼓足了勇气似的试探着问。

他的表情凝固了一秒，随即回答："没有，我没结婚——婚约取消了。"

"哦……"她心里十分惊讶，却表现出平静的样子，也忍住了没问那句"为什么"。

两人又沉默地走了一段路，竟绕到了之前他习惯住的那家酒店。规模扩张了，门脸也变了。

他俩不约而同地停住了脚。他往里面瞅了瞅，好像经历了一次剧烈的心理斗争，特别不自然地说："我还是住在这儿……要不……我们上去边喝茶边聊？"

"我该回去了，"她看了看手表，"我结婚了……谢谢你陪我轧马路。"

轮到他惊讶。他继而为自己的冒失感到羞愧，目光转向别处。想问什么，却又好像问不出口。

她伸手叫了一辆出租车，走出两步，又回头对他说："对了，那座不知道名字的桥，后来我查过了——它叫建安桥。"

出　轨

1

　　他太狡猾了。许安辛蹑手蹑脚地爬上床，不悦地想。

　　她每天晚上都查看他的手机，已经连续一个多月了——可却一无所获。微信、短信、通话记录乃至电子邮件，几乎全都是跟工作有关的东西，正常得无可挑剔……没想到他的心思竟如此缜密，简直做到了滴水不漏！

　　她睡不着，盯着他随着呼吸微微起伏的肩膀看，直到眼睛发涩发酸，这才悻悻地翻过了身子，面向床的另一侧，艰难酝酿起睡意来。

他们结婚九年多了，儿子今年七岁半，在读小学二年级。

她依然把和他初次相遇的情境记得很清楚。

两人都是去那座城市出差，因为拉杆箱的款式一样，匆忙间便拿错了彼此的行李。白天都把箱子扔在酒店，忙完要紧的事回去休息，这才发现箱子里的东西不对。互不相识的两个人分别住在相隔大半个城市的两家酒店，经过几番周折，才将手里的东西物归原主。

"这款箱子很少有人用，而且还是男式的，没想到这么巧。"那一年的他英气风发，浓黑的眉毛，锐亮的眼睛，剪着一头利落的短发，穿着一身合体的深灰西服，说话时脸上总是挂着分寸刚好的笑意。

"是……好巧。"她性格慢热，又是深夜与陌生男子在异地相会，难免有些不自在，只低头用勺子不时搅拌杯子里的咖啡拉花，看着一颗心变形到扭曲，又莫名复原到差不多原来的样子。

可能是那晚天气特别好，又或者是他心中百无聊赖，兴致高涨地跟她说了好些话，她的戒备和尴尬也在他爽朗率真的笑容中逐渐消融。

临别前，他们互留了联系方式。他偶尔会发条问候短信过来，有时还附带一个爆冷的小笑话，她都一一回应。两人通过手机交流了好一阵子，直到有一天，他突然打电话过来说，我们见个面吧！她愣了一下，随即满心欢喜地说了声"好"。

他们走到了一起。起初他家里极力反对——因为她身处另一座城市，且在单亲家庭长大。可他决心已定，不声不响地跑到她的城市，重新找了份像样的工作。

她永远忘不了那天傍晚他安顿好一切之后满头大汗地出现在她面前时的样子，硕大的夕阳从他背后投射过来，热烈的，势不可当的，红灿灿的一片，他整个人都好像被镀了一道金边。一阵目眩中，她听见他兴奋地对自己说话："这回你每天都能见到我了。"

这些年，她频频在梦中听见这句话。有时是与当年几无二致的场景，她捂着嘴站在暮色下感动到战栗；有时却不见他的身影，只听见一个男人的声音不紧不慢地飘出来。

也正是靠着这点珍贵的灿烂，才涂亮了她一个又一个晦暗烦闷的夜晚。

2

早上她去送儿子上学，在小区里碰到楼上的李太太。

"哟，上学去啦？书包沉不沉啊？"李太太喜欢捏小孩子的脸蛋，这次也不例外。

她笑着跟李太太聊了两句天气，就偷偷拎了拎儿子的书包，急忙带他往停车场走。刚坐到驾驶位，她就想起之前有一次出来倒垃圾，在楼梯间里不小心听到李太太跟别的邻居谈论她的话："成天把自己搞得像个黄脸婆似的，哪个男人乐意多瞅她一眼？"

路况正常，但她不知怎的就把油门踩猛了些。到校门口时她扫了一眼表，比平时早了六七分钟。

原路返回，老公早就已经去上班了。她开了门，把钥匙放进抽屉里，靠坐在餐桌前自己的椅子上，莫名感觉有些疲惫，一动也不想动。家里静得出奇，她能听见静音钟机芯运转时的细微声响。她努力地放空自己，把自己想象成鞋柜旁的那株芭蕉。

这一坐就是半个钟头。阳光一寸一寸入侵到客厅里，悄无声息却又来势汹汹。她像怕被人听见了似的轻叹一声，决定给自己找点事情干。

她洗掉了老公昨天穿过的衬衫，把被子搭在客厅阳台的晾衣竿上晒，用吸尘器吸了屋子的每一个角落，又给芭蕉和绿萝都浇了点水。她忙得满身是汗，抬头看了下时间——原本以为快到十二点了，没想到才刚过十点半。

她歇了一会儿，冲了个凉。从洗手间出来后，她又习惯性地坐回餐桌前自己的椅子，听静音钟在她脑袋上方窃窃私语，就像有一只老鼠在里面爬来爬去。

不能就这样待着。她环视房间，继续挖掘做家务的灵感：冰箱昨天除过霜了，落地镜是前两天擦的，拖鞋上周也刷过了……直到视线落在书架上，她心里才闪过一丝如同找到了救命稻草般的兴奋。

她开始整理书架，一层一层地把所有书都搬出来，拿鸡毛掸子拂去上面的灰，再用湿巾把书架擦一遍，等干了，再分门别类把书放回去。

在书架上方的小柜子里，她翻出老公得的一大堆荣誉证书，从求学时期到工作以后，不管什么大大小小的评奖、竞赛活动，她老公都会踊跃参与。她细细打量那些证书，把它们按照时间顺序排列了一大桌子。梁旭斌，梁旭斌。她一遍遍阅读老公的名字，无论是机打还是手写的字迹，每个笔画看起来都那么新鲜且独具美感，仿佛他只是个值得敬佩的陌生人一般。

还没看完这些证书，外面突然传来钥匙转动门锁的声音。她胡乱摞了几下桌上的东西，急忙晃到客厅里。

是她婆婆来了，一进门就尖着嗓子抱怨："什么鬼天气！热死人不偿命的？"

她叫了声"妈"，凑上前接过老太太手里的东西，转过身看了眼时间，已经十一点多了。

"您又买这么多干吗？怪沉的。"她走进厨房，从布袋子里掏出倭瓜、莲藕和紫薯。

"这不多少能省下几个钱吗？这家里要是有个会过日子的人，也用不着我这快七十岁的老东西一趟一趟往这儿倒腾了。"老太太脱了凉鞋，伸手将餐桌前的那把椅子拽了过来，一屁股坐了上去，呱嗒呱嗒地扇着随身带的大蒲扇，宽松艳丽的薄纱凉衫在身上随风起舞。

她咬了咬下嘴唇，用手指去抠一只紫薯上的泥。

她知道老太太心里是怨着自己的。不单为自己当年"媚惑"了她的宝贝儿子，还为她两年后思儿心切，嫌飞来飞去实在麻烦，便卖了老家的房产，和老伴儿大费周章地搬了过来——用老太太的原话讲就是："明明是娶妻，却搞得像我家儿子入赘了似的，全家人都得围着她转，住到这样一个脏乱差的地界来！"

"桓桓的钢琴班你给报了没有？"向儿媳要了杯不凉不烫的水之后，老太太又风风火火地问。

她按吩咐，正在切洗好的倭瓜，准备放到锅里蒸着吃。倭瓜子裹着黏液不容分说地淌出来，沾了她一手。

"没呢……"她回话。

"那咋还不抓紧？那天开家长会，你没听见人家王老师鼓励咱给孩子培养点艺术爱好吗？"老太太眉心紧锁，她一着急就摆出那种如临大敌般的严峻表情。

"我知道——"她掏了一大把倭瓜子，随手甩进垃圾桶里，却感觉甩不净似的，下意识又甩了两下，"妈，我还是觉得这事先缓缓，桓桓现在还上着外语班和小主持班，也就能匀出个周六轻松轻松，再给他报班，我怕他负担太重……毕竟才二年级。"

"就你会教育孩子！"老太太把原本捧在手里的水杯往餐桌上一撂，发出一记脆响，"人家孩子都在外面学，你不让他学，将来落下了咋办！你也是上过几年班的人，现在社会上竞争多激烈，你又不是不知道！不多学几样东西傍身，将来咋能有发展！"

老太太说得鞭辟入里，她却觉得那句"你也是上过几年班的人"听着格外刺耳。她不愿跟老太太争论，便搪塞说："等老梁回来，我跟他提。"

老太太翻了个白眼，更用力地扇了几下扇子，突然又站起身来，去穿自己的凉鞋。

她急忙从厨房里出来，蒙蒙地问："怎么，要走？"

老太太不言语，只拧着脚劲儿穿鞋。

"马上就蒸好了……"她补充道。

"你自个儿吃吧！别忘给他爷俩留一些！"

老太太二话不说地摔门走了。她看看餐桌上那杯一口没喝的水，再看看被拉出好远的那把属于自己的椅子，感觉有一股浊气哽在喉咙里，咽不下去也吐不出来。蒸锅的警笛声响了，就像一个不懂事的孩子在哭闹，她又着急忙慌地冲回了厨房，掀开锅盖，热气扑脸。

3

"妈，我饿了！"桓桓写完了作业在客厅沙发上看电视，冲守在餐桌旁的她嚷。

"你爸就快回来了——刚才不是给你吃过蔬菜干吗？"她扭头看了一眼表，马上八点了。

她老公几乎每天晚上都八点回家。虽然身居高位，公司很多事情都倚仗着他，但这些年他依然保持着刚和她结婚时的好习惯——无论多忙，也不加班；无论有什么应酬，他都统统推掉——他要准时回家陪她吃饭。

虽然他怕他们饿，总是让他们先吃，但她还是拖着孩子坚持等着。她喜欢这种等待的过程，喜欢这种三口人围坐在一张餐桌上吃完饭的感觉。

没过一会儿，他回来了。她看得出，他有点累，但脸上依旧挂着笑。

他冲了个凉，换上了宽松的T恤和短裤，坐到餐桌前他的椅子上。桓桓已经迫不及待地去掀扣菜的盘子了，紫菜蛋花汤，辣炒藕片，干切酱牛肉——电饭煲里还嘘着几块橙黄的倭瓜。

吃过饭，她在厨房刷锅洗碗。桓桓还窝在沙发里看动画片，不时发出夸张的笑声。

得跟他提一提钢琴班的事，估计他也会心疼桓桓，不再给孩子增加负担。她在哗哗的流水声里思忖着。

可等她忙活妥当，去卧室里找老梁的时候，却发现他靠着床头，手里捏着一本财经杂志，已经睡着了。

她难免有些心疼他。但心疼过后，却又生出几分怨怼和无奈来。

她叹了口气，又折回客厅里，让桓桓看完这集赶紧去洗漱睡觉，自己又替老梁拾掇起明天出差要带的东西来。收拾了一会儿，她心底的某个念头又倏地浮上来，随着儿子沐浴的水声渐演渐强。她望了一眼卧室里酣睡的老梁，把心思又落在他的手机上。

没在公文包里，没在西裤口袋里，没在鞋柜的台面上，也没在沙发后的插座处充电——她甚至踮着脚尖跑进卧室，凑到他身边查看，可还是没有发现他手机的踪影。

太奇怪了！他藏哪儿了呢！她越想越着急，着急中还裹挟着几分莫名的气愤。她耐着性子把桓桓催上床，自己又这屋那屋地搜寻了半天，可还是一无所获。要不是害怕铃声把他吵醒，她早就拿自己的手机打给他了。

她不得不放弃了，草草地把他出差要带的东西塞进箱子里，心不在焉地冲了个凉，哭丧着脸走进卧室里。她老公睡得头歪了，竟还像个孩子似的，没羞没臊地流了口水出来。她没好气地抢过他手里的杂志，冷冷地说："要睡就躺下好好睡。"

他被惊醒了，本能地用警觉的眼神瞪着她，缓过神后尴尬地笑了笑，又往客厅的方向望了望。

"孩子睡了，行李也给你收拾好了。"她面无表情地说，铺开薄毯。

他扯过毯子的一边，盖住自己的肚子："你辛苦……"

一句客套话，却把两个人隔得好远。她不吭声，赌气似的迅速侧身躺在床的另一边，感觉胸腔里有一锅沸腾翻滚的杂味汤。

她不知道自己做错了什么，不明白原本恩爱的两人从什么时候变成了现在的样子。是从领完结婚证的那一刻？确定怀孕的那一刻？听从他的建议向单位递交辞呈的那一刻？还是……他升职加薪当上副总的那一刻？这个问题成了她生活中最大的谜团，她没日没夜地与它厮磨角斗，却至今没有悟出明确的答案。

而这种不确定性只能把她的判断不断推向一个可怕的极端——

他肯定是出轨了！

4

"喂？到哪儿了？"

"找到这条街了，急什么？"

许安辛挂掉手机揣进口袋，站在一个十字路口来回张望，右手边街头开着一家水果店，草绿色的牌匾光鲜醒目。她顺着这个方向一直往下走，走出将近二百米，发现一家快捷酒店。

307。她在心里默念房间号，又往街的两头各望了一眼，推门走了进去。

邱伟看样子已经洗好了，给她开门的时候身上只围着条浴巾。刚关上门，他就开始用那种坏坏的眼神不知收敛地上下打量她，然后冒出一句"这件衣服真配你"。

她笑笑。

邱伟是个大学老师，在课堂上练就了幽默风趣的说话风格，已婚，但没有孩子。他们私底下接触快一年了。有时她在心里厌恶他的油腔滑调，有时却又觉得他的某些话就像一股股春风，能让她原本干涸的心开出花来。

完事后，他们像两只虾米一样贴身躺在一起，他静静地搂着她，她紧紧地闭着眼——这是她要求的。他记得当时她像个孩子似的恳求说："先别动，也别说话，你就这样抱我一会儿，就一会儿。"

她叹了口气，虽然很轻，但还是被他听见了。

"怎么？家里人又惹你生气了？"他问。

既然无须隐藏，她就又长叹了一声，然后依旧闭着眼睛说："没有。"

起初她经常跟他讲一些家里的苦恼，孩子的学业、健康，婆婆的不友善，以及……老公原因不明的冷落。

　　邱伟也开解安慰她几句，可人生在世，每个人都有自己独特的烦恼，即便表达再到位，关系再亲密，别人也很难设身处地地感同身受。时间长了，她也发现他来来回回说的总是那几句话，且总有一种浮皮潦草的敷衍感。她就懒得再说自己家里的事，反而动不动就把矛头指向他家里。

　　她觉得，男人的心态应该是存在共性的，他们背景相似，年龄相仿，或许存在着"管中窥豹"的可能性。于是有一次她便壮了胆，试探着问邱伟："你家里那位……你对她……现在是什么感觉？"

　　"没什么感觉。"

　　"那你觉得……你们之间，出了什么问题呢？"她锲而不舍，看样子非要挖出点什么才肯罢休。

　　她看见他皱了下眉，好像也用力地想了想，然后用过尽千帆般的语气说："咳，感情这东西，哪是能说得那么清楚的。很多事情，其实根本没什么原因道理，不知不觉就觉得腻了。"

　　腻了。她一遍遍在心里回味这个词，简明扼要，触目惊心，似乎也为她一直以来的猜测增添了新的佐证。

　　她又想起街坊邻居以前的种种"忠告"：

　　"你们那方面还正常吗……哦？感觉不太乐观啊！"

"你家老梁事业有成、外形亮眼，没人会不喜欢吧？"

"像他这样的男人，在外面有大把小姑娘往他身上扑的，再好的男人也招架不住呀！"

"你得看紧点！别像隔壁栋那谁似的，男人在外面还有个家都不知道！"

……

一时间，这些只言片语像夏日里成群结队的蠓虫般蜂拥进她的脑子，渐渐拼凑成邻居们意味不明的表情。她心里大乱，在床上翻了个身，伸手摸到了邱伟饱满结实的胸膛。

"再来一次吗？"他看着她的眼睛问。

在他身下喘气时，她忍不住想到，自己那魅力十足的丈夫，是否也正搂着别的女人你侬我侬——一想到他在别人身上挥汗如雨的画面，她喉咙里就泛起一阵恶心。

5

回到家，她又冲了个澡，仔仔细细地清除一切可能暴露行踪的痕迹，还从里到外换了身衣服，这才去接桓桓放学。

车停在校门口，等待的时候无聊，她拿出手机下意识地看了眼老梁去出差的那座城市的天气，显示晚上会有雷阵雨，气温骤降。她不禁又开始用力回忆自己往他拉杆箱里放了哪些衣物，有没有预备一件比较厚实的。

他出差的时候几乎不给她打电话，好像只要一飞离这个城市，他就暂时切断了与这里生活的一切关联。她犹豫了好一会儿，还是决定给他打个电话，提醒他注意保暖。

"你所拨打的电话已关机。"

她心里有些失落，随即又转化成悲愤。

有人敲车窗，扭头一看，是桓桓，正用那种奇怪的眼神瞧着她，示意她打开车门锁。

路上，桓桓跟她说了一大堆学校里的事，她有一搭没一搭地回着话，心里想的都是老梁此刻在什么场合，在干什么。

进屋后，她指挥桓桓洗手、换衣服、写作业，自己则还是坐在餐桌前的椅子上发呆。外面气温明明很高，家里也没怎么开空调，她却莫名觉得有点冷。她抱着胳膊紧紧地靠着椅子，希望后背能积累出一些温度，可过了一会儿，除了脊椎的僵痛，她什么都感受不到。她拖起身子简单活动了几下，想去冰箱里看看晚饭的食材够不够用。路过那株芭蕉的时候，瞥见有两三片叶子竟滚上了一道金边。

应该是最近水浇多了吧，她怔怔地想。

清炒豌豆，肉末茄子，做完后她就跟桓桓把饭吃了。她在厨房收拾碗筷，听到门锁转动的声音，第一反应是婆婆又来了，便探出头去打招呼。结果是老梁拎着箱子回来了。

不知为何，她心里突然有点发毛，整个人像过电了似的杵在原地。

"怎么？没想到我这么快就回来了？"老梁边脱外套边问，语气听不出是在开玩笑还是另有深意。

桓桓从房间里冲出来跟他打了声招呼，又像火燎屁股一样溜回去打他的游戏机。

"啊……是……是有点没想到。"她放下已经在水龙头下冲了半天的碗，又问，"吃饭了吗？我俩刚吃完。"

"吃过了。那边发布了暴雨橙色预警，据说会下两天，反正也忙完了，就提前回来了。"

"哦……也好。"她本想告诉他，下午自己给他打过电话，要提醒他暴雨的事来着，可话到了嗓子眼，她又咽下去了。

他打开箱子，蹲在地上整理东西，又有意无意地说："要不，我至少又得在外边多待两天。"

她左眼皮抽搐了一下，手里的碗差点没拿住，惊出一身冷汗。

睡觉前，桓桓跑到他俩的卧室，说语文老师布置了一道作业，让家长带学生去郊外野餐，回来后写一篇作文。

听到孩子这个提议，她心里小小雀跃了一下，想起刚跟老梁在一起时，两人也经常在周末去公园野餐，在草地上一待就是一下午——她还记得，他特别喜欢吃自己做的紫菜包饭。可自从有了孩子，两个人再也没有尝试过二人世界。

她满心期待，却又装作若无其事，转过身拉好窗帘，等待老梁的反应。

"让你妈抽空带你去趟公园吧——爸爸太忙了，周末也不休息，实在没办法跟你们一起去。"他用那种略带歉意却又显得无比坚持的口吻对桓桓说。

桓桓有点不高兴了，撇了下嘴，看了看妈妈，好像寄希望于她的劝说。

"真的没时间吗？"她整理了一下枕巾，问。

"嗯。"他摆出为难的表情。她心里的小火苗随即被掐灭。

哄了孩子去睡觉，她爬上床，跟老梁背对着背，又是一夜无眠。

6

之后的一个月里，她又见了邱伟三次——好像只有如此，她才能获取一种近似"报复"的胜利感，让自己心里好受一些。

可她依旧不愿意跟邱伟多说什么，除了做爱，绝大多数时间里，她都偏执地卧在邱伟的怀里，沉静得像一具尸体。

"你家老梁还是不碰你吗？"有一次他不知出于什么心理，突然这样问。

这句话像根刺一样扎到她心上，她闭着眼，没回应，装作睡着了。

"估计是把精神头儿都留着应对外面的了。"

她倏地从他怀里直起身子来："你别胡说！"

几乎同时，邱伟怪叫了一声。她扭过头，看见他嘴上出了血——原来是因为她起身太突然也太用力，她的脑袋撞到了他的下巴，双颚剧烈关合，咬破了他的上唇。

她听见他很稀奇地骂了句娘，一时也被惊住了，连忙伸手取来纸巾递给他。回过神儿后，她又在心里痴痴地想，明明自己也料定老梁外面有人，为何就是不愿意听别人说他一句不是呢。

邱伟拿着染满鲜血的纸巾钻进洗手间，照了照镜子："好大一个口子，疼死我了！"

她背对洗手间坐着，冲空气翻了个白眼。

两人不欢而散。

回去的路上，她开始重新审视跟邱伟之间的关系：自己究竟为什么要跟他继续接触呢？到底能从他那里获取些什么呢？难道是因为爱吗——不，绝对不是！一想到这个可能性，她就立刻推翻了自己。与其说是"爱"，不如说是对他肉体的"迷恋"，而这种"迷恋"似乎有着"替代"的意味——在那些缠绵的过程中，她始终在极力地催眠自己，把他幻想成老梁。

想到老梁，她难免失落，感觉心里就像空了一块似的。

"你家老梁还是不碰你吗？""腻了。"邱伟这两句原本不相干的话竟以这样的全新次序拴在了一起，就像拨浪鼓两侧缀着的弹丸，不断翻飞、旋转，敲击着她的大脑皮层。

真的是因为腻了吗？

相识十年多了，怎么想，也该腻了。腻也腻得理直气壮。

就没有办法补救了吗？

自己也不是没变着花样重新培植"新鲜感"，可他老是扯着"工作忙"的大旗，死活不接招。

那就只能靠出轨混日子吗？

除此之外，好像也别无他法。但心里又清楚得很，这总不是什么光明磊落的长久之计……

进单元门前，她叹了口气，终于承认"腻了"这个词确实可以将所有人打败——更不幸的是，她隐隐发觉，自己对邱伟，可能也已经有些"腻了"。她不知道，这将意味着一次及时的赦免，还是一场全新的虚无。

她掏出钥匙打开房门，因为早上临走时把被子搭在了晾衣竿上晒，挡住了大片的阳光，客厅里显得有些阴暗。她抬着一只脚，猫腰在鞋柜里找自己的拖鞋，旁边传来的咳嗽声把她吓了一大跳——

是婆婆。只见她拉着脸，在儿媳的餐椅上正襟危坐，不紧不慢却又咄咄逼人地问："你干吗去了？左等右等你都不回来。"

婆婆的话像铁块，冷冰冰硬邦邦地砸向她。她一时语塞，涨红着脸迅速组织着语言。

"家里活儿干完了，没意思，就出去转转……想替桓桓找一个好点的钢琴培训班。"说完她低侧着脸，斜眼去观察婆婆的面部表情。

婆婆沉默了一下，问："找着了吗？"

"没发现合适的……碰到的都不太称心。"

7

那天晚上她又做了那个许久未做的梦。梦里还是小女孩儿的她中午提前放学回家，推开门后看见一个陌生的男人俯在母亲身上，虽然当时还不懂男女之事，但眼前赤裸裸的两具躯体还是让她感受到了屈辱。她目瞪口呆地站在门口，如同被石化了般不知所措，看着那一男一女的脸上飞速掠过各种诡异的神色，像哄智障儿一样笨嘴拙舌地扒瞎编谎。然后，母亲袒胸露乳地走过来，摸了摸她的头，示意她别乱说话，又手扶门沿，把她推了出去……

这一推，她醒了。

老梁被她刚才乱舞的手弄醒了，转过身用那种不满的眼神瞟了她一眼，又迅速侧过去继续睡。她反应迟钝似的对着他的后背小声呢喃了一句"对不起"，好像也不期望对方能听到。

她朝窗户的方向看，想借助外面的天色判断下时间。怎奈窗帘被她拉得很严，几乎没有光线能射进来。她只得作罢，保持平躺的姿势，瞪着眼睛看天花板上的水晶吊灯。她发现那灯许久没擦了，每一条水晶珠串上都缀着一层灰。虽然没在脑袋上方，她却突然有些担心，那些灰尘会不会落下来飘进自己眼里。

母亲的出轨是她心头永远的痛。这痛就像一阵长风，从她的童年吹到她的青春期，又从她的青春期刮到她的壮年期，劈头盖脸，连绵不绝，躲都没法儿躲。父亲是个十足的老实人，兢兢业业一辈子，不求大富大贵，只愿三口人和顺喜乐。母亲的丑事击碎了父亲并不算贪心的梦想。他们干净利落地离了婚，自己跟着父亲过，那个失心的女人则不知道蹿飞到哪儿去了，近三十年全无音信。

她是极其憎恶那个女人的，那些不端令她毕生蒙羞。但可怕的是，两年前父亲病逝后，她自己竟也阴差阳错地成了那样的女人……一想到这儿，她心里就腾升起一团复杂的情绪，惭愧，自责，负罪感，却又掺杂着几丝"事不关己"的理直气壮，仿佛是因为那些人自作主张的叛离，才在她的命运里埋下一颗致命的种子，于岁月的饲养下茁壮疯长，终于也把她侵蚀缠绕成一个不堪的人。

她睁着眼睛游思了好久，老梁下地拉开窗帘，天大亮了。

准备早饭的时候，她手机响了一声。她没上心，以为又是那种垃圾营销短信。饭菜都端上桌后，老梁用手指了一下闪着指示灯的手机，提醒道："来短信了。"

她拿起手机，看到一个陌生的手机号发来的短信："今天见？我想你了。"

读完这几个字，她脑袋里"嗡"了一下——是邱伟，虽然通讯录里故意没存他的号码，但她隐约记得他的尾号。

她立即删掉了短信，像摆脱烫手山芋那样扔掉手机。她涨红着脸，却装得泰然自若，跳跃着目光去观察老梁的表情——她的手机虽然设了密码，但短信预览内容却赫然显示在锁屏界面，她不知道方才他有没有瞧见什么。

"垃圾短信，卖茶叶的。"她故作自然地解释道。

"哦。"老梁看着她，往嘴里送了一口白饭。

他的眼睛深不见底，完全看不出任何情绪。她忍不住再三打量，四目相对时却又紧急躲闪开来。她感觉，他的目光就像探雷器的电磁波，正丝毫不露地扫描着她每一个细微的动作、语气和神态，仿佛就快把她整个人都洞穿了。她安静地吃着饭，努力不露出任何马脚——她从未如此渴望桓桓赶紧在餐桌上说点学校里发生的可笑事。

好不容易挨过了这顿饭，该上班的去上班，该上学的去上学。出门前他突然转过身，对正在检查书包的桓桓说，下周六他开始休半个月的年假，打算带全家人一起去普吉岛游玩。

桓桓自然心花怒放，扔掉书包，举起双手，高呼"老爸万岁"。

"公司不忙了吗？"她有点蒙，但眉眼间却已流露出喜悦之色。

"忙啊。"他正了正衣领说。

"那……"

"前阵子我一直不休息，为的就是攒出一整段时间，好陪你们出去玩。"他移走目光，又有些不好意思似的沉着嗓子补充道，"你不也一直想去东南亚转转嘛。"

说完他就开门走了。她愣在那里，心中五味杂陈。

8

"你疯了吗？突然给我发什么短信？"去小区门卫取快递的路上，她在电话里质问邱伟。

"被你家老梁看见了？"他在电话那头紧张地问。

她用眼睛跟迎面走来的二单元的刘太太打了个招呼，低声说："那倒没有……"

"那你一惊一乍什么！"

"其实我也不确定他有没有发现什么……当时手机离他很近，我在厨房忙得团团转……"

"那他什么反应？"

"看不出来……"她本想炫耀似的把老梁提出的旅行计划说给他听，但转念一想，还是算了。

"没事！他应该没发现什么！"邱伟语气轻松地说。

"那……"她在拐弯的草丛处立定，欲言又止，"咱们不要再见了吧……"

"什么意思？"

"咱……就这样吧。以后都别再联系了……"她像在完成一项艰巨任务似的吐出了这句话，然后叹了口气。

"就因为我给你发了条短信？"

她听得出，那头有点急了。

"也不是……这段时间我想了很多，觉得我们还是不要来往的好——趁着家里都还没发现，早做了断。"

听筒里安静了好一会儿，久到让她把电话拿离耳朵，检查通话是否意外断线了。

"喂？你在听吗？"她轻声问。

邱伟又沉默了两秒，这才干咳了一下，平声静气地说："也好。"

她松了口气。

"但，我们找机会再见最后一面吧，毕竟也在一起这么久了，总不能说断就断了吧。"

她推辞了一下，但对方很坚持，她想了想，也不好硬拒绝，就允了。

"那你千万不要再给我发什么短信了。"她嘱咐道。

"好，到时候我还是用公用电话联系你。"

之后的几天，她像往常那样照顾老公和儿子的饮食起居，甚至更平和、热情了几分。一想到即将到来的全家出游，她心里就忍不住高兴，好像这为她长久的迷途点亮了一盏指路明灯，及时驱散了她心头所有的不满和猜忌，还帮她找回了被爱的感觉。她终于回到了自己的角色，开始琢磨、享受起为人妻母的乐趣来。儿子伶俐懂事，丈夫事业有成，即便略显平淡，但也是世间常态，只要用心去缝补，总能营造出更接近理想的气氛来，继续在亲戚朋友面前保持"模范家庭"的荣光。

同时她也在等待邱伟的电话。虽然还是有些紧张，但一想到只需再见他最后一面，就能彻底从那段罪恶过往里抽身出来，她心里就油然生出一种类似"受洗"、被救赎的圣洁感，对之后的"新生活"也抱有更多积极的畅想——不知不觉间，她已经在期待邱伟的最后一次来电了。

第四天上午她送桓桓上学回来，终于等来了邱伟的消息。她几乎没做任何打扮，挂了电话就穿鞋出门，直奔电话里他说的那个地点。她是打车过去，感觉那会儿路况意外得好，就像乘着风一样——为此，在外一向寡言的她还笑着跟出租车司机说了几句话。

她在房间里等，因为昨晚帮桓桓做手工到很晚，脑袋有点昏昏沉沉的。她随手烧了壶水，用一次性纸杯给自己冲了杯速溶咖啡。因为没有勺子，虽然咖啡表面浓郁、平静，但杯子底部还是有很多没化开的渣块。过了十几分钟，邱伟才到，一进屋就用那种奇怪的眼神审视着她。有了回归正常婚姻生活的念头，她倒是底气十足了，就摆出一副"随便你怎么想"的架势，做好了坚决拒绝对方任何形式"挽留"的打算。可意外的是，邱伟并没有多说什么，反而表现得比每一次都深沉——在她眼里，这深沉似乎还透着几分失落的意味。

"外面是不是有人在拉小提琴？你听——"她没话找话似的问。

"好像是吧。"他随意地附和。

他们最后做了一次。这次她没有像以往那样紧闭双眼，反而像个小女孩儿一样不时转着眼球，好奇地打量着这个陌生的空间。整个过程极其别扭，她像个脱线的木偶似的放松着胳膊腿儿，全无配合，就由他各种摆弄折腾。她感觉十分乏味，甚至头一回产生一种被外人羞辱了的感觉，恨不得他快快完事，自己好赶紧穿上衣服逃离这里。

她一只脚踏出房门的时候，邱伟又往回拉了她一下，她定神看了他一眼，委婉地挣脱了他的手。按照惯例，她先离开酒店，刚走出外门，她整个人就僵住了——

她婆婆正顺着这条街走过来，与她撞了个正脸。

她看到婆婆抬头瞅了瞅这家店的门面牌匾，眼神由困惑转为震惊，脸上又迅速形成了那种凝重的表情。她刚想编个谎话辩解什么，就听到身后有人冲她喊："小安，以后你还是可以随时找我。"——那声音，足够她婆婆听见了。

她扭过头，脸上是马上要哭出来的表情。

9

"桓桓呢？"梁旭斌坐在沙发上沉默了好久，开口问。

老太太呱嗒呱嗒扇着她的大蒲扇："我让他去同学家里玩了，交代好了让他在那儿住一晚。"

许安辛自从到家就一直坐在餐桌前自己的椅子上，侧着身子一动不动，那娘俩看不见她的表情。

"我去那儿给桓桓物色钢琴培训班，结果就看见她从隔壁的宾馆里出来！后面还跟着一个男人！"老太太拿扇子指着儿媳，红着脸愤愤地说。

没有人接话，屋里只有扇扇子的声音。

"离婚！赶紧离婚！还不知道她跟那野男人鬼混多久了呢！"老太太扇子一挥，又摆出异常严峻的表情。

许安辛的肩膀颤了一下，但依旧没说话。梁旭斌也只是一脸漠然地低头坐着，好像一尊静默的石像，看起来也没有要发表意见的意思。

"没准儿在结婚前就跟那个狗东西好上了！"看没人响应，老太太大胆推断。

"妈——"许安辛叫了一声，破音了，声音听起来很飘，仿佛是从嗓子眼里挤出来的。她好像想为自己辩解什么。

"别叫我妈！你妈是那个水性杨花的骚货——"老太太啪一声把蒲扇拍在茶几上，"还真是龙生龙鼠生鼠，上梁不正下梁歪！"

梁旭斌猛地抬起头看了他妈一眼，示意她别说这种话。他顺便看了一眼许安辛，发现她身子一软，整个人微微乱颤。她哭了，却又不敢大声泼洒自己的情绪，只能以这把椅子为壁垒，小心排泄着悲伤，以为没有人能察觉到。

"做了不要脸的事，还有脸哭！"老太太越想越气，全然不在乎儿子的反应，就像一门高火力土炮，不断向那个屡屡破坏家庭常态的可恶女人发起进攻。"离婚！明天就去离婚！"她重申道。

"一定要这样吗？"梁旭斌皱着眉，神情凝重地问。

"不然呢！难道你还想跟她继续过日子！你不怕别人笑话，我可丢不起那脸！"

许安辛终于是沉不住气了，开始更大声地啜泣，一边哭还一边喃喃地说："是我不好……是我不好……"

"我儿子这辈子犯的最大的错误，就是认识了你！我们家唯独走错的一步棋，就是娶你过门！"老太太说得咬牙切齿，尽情吐露着沉积多年的不满。

"妈——"梁旭斌开了口，又好像在酝酿着什么，半天没有下文。

"其实都是我不好，是我有错在先。"他清了清嗓子，丢出这样一句话。

"你少替她开脱！你每天工作那么辛苦，要挣钱养活整个家，再怎么错也错不到你头上！"

"是我先在外面有人的。"

老太太惊讶地看着儿子，语塞了好几秒，这才反应过来："我不信！"

他不再吱声，把头低得更低，像一个坦白求宽恕的罪犯。

许安辛突然就不哭了，她用胳膊蹭了下眼泪，迅速从椅子上弹起来，一把抓起他放在鞋架台面上的手机。出乎意料，没有密码，她凭借直觉，立即点进他的微信聊天列表，一眼就锁定了一个头像清爽可人的女性。

"亲爱的，你下次什么时候出差呀？人家好想你。"那女人说。

"这么快就又想我了？前天不是刚见过吗？"他回复，后面还跟了个色色的表情。

看完这段聊天记录，许安辛感觉身体里好像荡开一串轰隆声，如四月惊雷，响彻五脏六腑。她竟忘了难过，反而不自禁地扬起了嘴角，噔噔噔快步冲到坐在沙发上的母子跟前，指着手机屏幕厉声质问道："她是谁啊！你是不是每次出差都跟她在一起！"

梁旭斌只抬头绝望地看着她，仿佛在默认一切。老太太一时理屈，脸上变得青一块白一块，不知道该说什么好。

许安辛更来了劲，决定把握局势，乘胜追击，三下五除二就向那个女人发起了微信语音通话，希望当面对质，再探究竟。梁旭斌猛然起身，夺过手机，迅速挂断，然后又自弱气势，窝回沙发里。

许安辛暴跳如雷，满腔悲愤，激动地轮番指着眼前这对母子："我就知道！我就知道！"

10

许安辛和梁旭斌离了婚，对外透露的原因是梁旭斌婚内出轨被抓现行，完全封锁了许安辛的事。他坚持把房子、车子都留给了许安辛，只保留了桓桓的抚养权，暂由老太太照顾。

许安辛不得不外出找工作，尝试重新融入社会。有一天晚上回来路过小区凉亭时，听见楼上的李太太正在跟别的邻居大声议论："很正常的呀！毕竟她老公那么帅气那么有身份，谁会愿意守着她那样一个普通的妇女啊！"

"什么都给她了，人家可是净身出户的呀！她还亏什么，赚到了呀！"

她感觉脸上的肌肉在微微抽搐，装作什么都没听见，在乌黑的夜色中埋头疾走。

鞋柜前的那株芭蕉烂了根子，叶子几乎全黄了。

她的心中只剩怨恨。

而怨恨，或许是对一个人最残酷的惩罚。

11

"你不是晚上从来不在外面吃饭吗？"林可刚坐下就笑盈盈地问。

"都说了要请你吃饭，不能食言啊——当是谢你。"梁旭斌把菜单递给她，又摆了个"请随意"的手势。

"老同学，你未免太见外了吧！再说，也不是什么费力的事情。"她的目光在他的脸和菜单之间来回跳跃。

"还是谢谢你。"他把视线转向别处，说。

"不过我真搞不懂你，离婚就离婚，为什么非要装作自己出轨呢？还挺伟大！"

他看了她一眼，勉强挤出一个笑容，没有回答。

从餐厅出来时，她突然回头兴冲冲地对他说："我知道个地方，西班牙菜很不错，明天我带你去试试？"

"你别破费了——明天我加班。"说完，他抬手帮她叫住了一辆出租车。

偷来的幸福

　　这天是许薇和老马在一起的两周年纪念日。许薇从单位早退了一会儿，打车去那家很有名的蛋糕店取了前些天定制的翻糖蛋糕，又兴冲冲地回到家里。

　　蛋糕很好看，淡粉雕花的梦幻表皮，托着两颗依偎在一起的火红的饱满的心，上面还用白巧克力汁写着连笔的"Love"。

　　许薇把蛋糕摆在餐桌中央，从橱柜里找来高脚杯和专为这天到来而准备的复古烛台。点上香烛，摆上香槟，又反复找了好几次角度，把桌上的东西左摆右摆，可算感觉称心如意了，忍不住用手机拍了张照，发到了朋友圈里。

　　她去冲了个澡，又换上了一身新衣服，坐到餐桌前，不断留意着时间，满心欢喜地静候老马下班归来。

等待的过程，甜蜜却又熬人。她眼睁睁看着手机屏幕上的数字缓慢地变换，直到迈出了他平常到家的那个时间段。她有点想打个电话问他一下，却又觉得那样太没出息了，就开始心不在焉地玩手机。

很多人给她刚才发的那张照片点了赞，还有人评论说："又开始秀恩爱了，生怕别人不知道你家老马对你有多好似的！"

许薇看了，嘴角忍不住上扬起来，一种微妙的自豪感漫上心头。她回了个害羞的表情。

刚放下手机，门口就传来转动锁芯的声音。老马捧着一大束"蓝色妖姬"，一脸兴奋地对她说："宝贝儿，两周年快乐！"

老马对许薇确实很不错。自从那次在行业论坛上相见，他就变着法儿地联系她，攻势迅猛地对她好。起初她嫌他年纪比自己大七岁，长得也不够英俊。但老马有诚心也有耐心，在那段时日里充分发挥了年长者"知冷知暖会疼人"这一属性，软磨硬泡，细致入微，许薇也就觉得他越来越顺眼了。

相识满五个月那天傍晚，老马和许薇从电影院走出来，就着方才那部都市爱情片的热乎劲儿，他突然停下脚步拉住她的手说："我这人，挺爱自己的。但我希望，今后你能做我的情敌。"

许薇被他一脸的认真样儿逗笑了。这一笑，心里也就跟着开了花。

确定关系一年后，他们都从原本租住的公寓搬了出来。老马在街里买下一套房子，离两个人上班的地方都不算远。

把钥匙交到她手上时，他又一脸严峻地学着偶像剧里男主角的口吻说："以后这儿就是你的家了，你爱怎么设计就怎么设计。"

许薇心中感动，却也没说什么，像个考试得了满分的孩子似的，笑着扑进了他的怀抱。

那天晚上，她偷偷把手机通讯录里老马的名字改成了"家"。

房子不算豪宅，却也宽敞大气。装修设计是他俩合计出来的，大到地板款式，小到墙壁插座，每一处都十分用心。

许薇喜欢共筑爱巢的过程，喜欢老马的细心和决策力。除了是恋人，他的沉稳，还使他很像她的兄长甚至是父亲。于是她肆无忌惮地在他面前展现着自己的幼稚，仿佛自己是一条不知天高地厚的鱼，他则是一片吞天包地的海。

那段时间，让她感觉最幸福的时刻，就是在每天晚饭后，他陪她一起窝在沙发上看《熊出没》。她喜欢看他忍俊不禁的样子。明明很想笑，却又莫名端着股"老男人"的严肃。她就去搔他的痒，让他放开了大笑出来。

"和你在一起，我都感觉自己也跟着变年轻了。"一次疯闹过后，他突然感慨道。

"本来你也没那么老啊。"她愤懑不平地说。

他掐了掐她的脸。

有一次她痛经得厉害，好像肠子被绞断了似的，在床上怎么躺怎么趴都不舒服。他一脸心疼，把 AD 钙奶用热水温了又温，扎好吸管递给她喝。后来他就在床上抱着她——那是一种不带丝毫情欲感的抱。他的身体像一座山一样，踏踏实实地被她靠在身后。她感受着他的呼吸和体温，忍不住地想，哪怕就这样死掉的话，自己也是一万个乐意的。

而他的怀抱似乎有着某种魔力，过了一会儿，她就感觉没那么疼了。

老马也舍得给许薇花钱，但凡她喜欢的东西，只要在他承受能力之内，他都二话不说买给她。

工作的缘故，他隔三岔五就要去很远的城市出差。几乎每次他前脚一走，她就立马能在单位收到各种小惊喜——他时常登录她的淘宝账号，看看购物车里有什么她想要的东西，有的话就随手下单买了。

他不在家的夜晚，他们都会通一次很长的电话，他把那边的公事和见闻都说给她听。

　　有一次，她没忍住，在挂掉电话前说了句"好想你"。她凌晨两点多突然被惊醒，看见他赶了深夜的航班，飞越几百公里回来，只为让她看上一眼。她嘴上责备他"瞎折腾""浪费钱"，心里却感动得一塌糊涂，流着眼泪紧紧地抱住了他。

　　无数个幸福的时刻里，她都下意识地想，要是能跟这个男人永远待在一起，应该也是个不错的选择吧。

　　许薇一直在等待老马的求婚。每个在他身边醒来的早晨，她都静静地端详他一会儿，看着他微微簌动的睫毛，听着他平缓均匀的呼吸声，在心里默默对他说，"就今天吧，我准备好接受你的求婚了"，想象着如果坚持这样做，他或许就能接收到自己的意念了。

　　可这日子，平静得就像老马的为人。她的心事难见天日，老马的无可挑剔和女生微妙的自尊心，又妥妥地封住了她的口，让她难以问出那句"你到底什么时候娶我"。

　　许薇偷偷买了一支隐形笔，老马出差的时候，她就在房间的每个角落里，一遍一遍地写两个人的名字。写完都用一颗心圈起来。

有天晚上，她正坐在电脑前写报告，整幢楼却突然停电了。也不知道为什么，她第一反应竟是握住了手机。她攥着手机，摸黑爬到了床上，钻到了有老马气味儿的被子里，忍了很久，还是没忍住，给老马去了一个电话。

她倒是没提停电的事，只撒娇似地问："在你眼里，我有多好？你有多爱我？我想听你说说看。"

她屏住呼吸，安静地等着，生怕漏掉听筒里对面传来的一丝声音。老马呆呆笨笨，一时又转不过弯儿，想了好几秒才挤出一句话："只要一想到你，我的'小伞具'就起立。"

许薇听完，立马被逗笑了——"小伞具"是她对老马那里的称呼。

老马的回答，确实也用心了。可挂掉电话，许薇心里又莫名失落起来。

他怎么就不懂，女人最想听到的那句恭维，无非是一声心甘情愿的"请你嫁给我"。

许薇后来察觉到事情的蹊跷，是因为那次她用了下他的电脑。

老马在卫生间洗澡，她接到领导的电话，让她立即上网查一个数据。她的电脑恰巧没电了，只好抓过他的来用。

她用不惯笔记本上那个替代鼠标的小红点，好不容易把光标移动到浏览器图表上，不料手一抖，却点开了旁边一个他升职要填的资料文档。

她本打算赶紧关掉，可他的个人资料"婚姻状况"一栏里填写的"已婚"二字，却瞬间揪住了她的注意力。她感觉脑子里嗡了一下，直到电话里传来领导风风火火的催问声，她才愣愣地回过了神儿。

她假装没有动过他的电脑，故作镇定地看他裹着浴巾走出来。

"晚上咱要出去跟你朋友一起吃饭吗？"他边擦头发边问。

"嗯？"她木讷地转过头看向他，"不了……我今天有点累，一会儿我给她俩打电话，改天再约吧。"

从那天起，"已婚"二字就像一根扎到许薇心里的鱼刺，让她惴惴不安，魂不守舍，无时无刻不在心里犯着嘀咕：那个"已婚"，或许指的就是他跟我吧……想想也是，除了没正式领证，现在这样跟他在一起，跟结婚了又有什么区别呢——或许在他心里，我已经是他的妻子了。

也可能是他不小心打错字了？可他又好像不是那么马虎的人——难道是他公司人事部的人传给他的模版，他填的时候有些地方忘记删改了？其实那是上一个填表的人遗留下的信息？

他该不会……真的结过婚吧？他说过他老家在徐州，难道那边还有个没离婚的结发妻——如果真是这样，那我算什么啊！

许薇越想越糊涂，越想越闹心，思绪整日在这三种可能性之间来回跳跃，心情也随之时好时坏。

她开始重新审视跟老马在一起时的种种细节，一不小心就搜罗出一大堆可疑的地方来：别人家老公或男朋友经常在朋友圈里发女方的照片，或者讲讲关于对方的事，可老马却以"不喜欢玩那个"为由，从来没在朋友圈里提到过她。即便他好不容易几个月才更新了一次，也都是在分享一些财经分析类文章。

他钱包里没有放她的照片，手机桌面也没有将她设为壁纸。

他从来都不让她在他身上任何地方"种草莓"，有两次她想尝试，也被他及时委婉地制止。

只有她把他介绍给了自己的亲戚和朋友，他却始终保持着某种神秘感，没带她去见过家人，好像也没有想让她融入自己社交圈的意思……

不深究还好，一仔细琢磨，许薇便开始心惊肉跳。她环视着这个两人一起悉心装扮过的家，看着一应俱全的电器和家具，突然感觉，自己或许一直都生活在一个精致的谎言里。

于是，许薇开始不动声色地盘算。在得知老马下一次出差的日期后，她提前跟单位请了事假，订了同一趟航班，又戴上全新的墨镜、口罩、帽子，穿一身他从未见过的衣服，全副武装地跟着他来到目的地——果然是他老家徐州。

下了飞机，她一路尾随着他。她的心越发强烈地颤动，好几次都差点把眼泪给摇晃出来——她甚至突然有些胆怯了，莫名地想，要不还是折身回去吧，就当什么都没发生过，什么都没思考过，也压根儿没伪装成一个陌生的女人，悄悄踏足过这个陌生的城市——她想立即回家，回到那个她和老马的家，回到那个枕头、被子上裹着他气味儿的家，回到那个墙壁上写满了他的名字的家——可这念头也只如烟花般在脑中闪现了一刻，随即就被漫无边际的困惑吞没了。她就这样，被一股强大的好奇心推使着，仿佛走到了这一步，再想抽身已是晚了，只好勉强地揣着一颗惴惴不安的心，一点一点接近那困惑的答案，不知为何，竟还生出一种不合时宜的兴奋感。

心不在焉地领略完一长串城市的风光，他乘坐的出租车终于停在了一个中高档花园小区的门口。紫御名城。紫御名城。离老远她就看到了小区的名字。她在心里反复念叨着，仿佛这是她多年来魂牵梦绕的地方，仿佛这里藏着她一直梦寐以求的宝藏。

她考虑着，以自己这样一身诡异的装扮和外地的口音，该怎么混入这门禁森严的小区里。可不知是否是"天遂人愿"，她清楚地看到，在他从后备厢往外掏行李的工夫，有一个原本站在道边被她忽视的看起来七八岁的小男孩，连跑带颠儿地冲过去搂住

216

他的腿，随即又被他笑着提起腋下，亲热地抱在怀里。

而从小男孩刚才的方位，忽然又慢步走出一位穿着朴素的妇人。许薇不知到底是因为离得太远，还是眼里有东西糊住了视线，自己竟怎么都看不清楚那妇人的脸。她唯一清楚的是，就在刚刚，有一个无可名状的巨大的东西，在她心里轰然倒塌了。

"师傅，送我回机场吧。"

老马"出差"归来的时候，发现家里空无一人。许薇的房钥匙摆在餐桌正中，她的东西也都消失了——除了他买给她的。

他顿感大事不妙，心里却又存着一丝侥幸，赶紧掏出手机拨打她的电话，准备装傻充愣地问问她，到底发生了什么事。

"您所拨打的号码是空号，请核对后再拨。"听筒里传来冷冷的声音。

他换上一件外套，转身摔门走了。

他先去了许薇的单位，获知她前一天突然辞职。无论领导如何苦苦挽留，无论人事部的人如何强调贸然辞职的违约后果，她都面无表情，坚持要走。

他又跑到许薇最要好的闺密家，那人仿佛也全然不知发生了什么，他也就没再透露更多，只说是自己惹许薇生气了，她闹小孩子脾气，来了次离家出走——而她的好闺密，在表达关切之余，难免又酸溜溜地挖苦他："谁让你平时太溺爱她了，这下可好，跟你玩起藏猫猫来了吧？"

之后的几天，刚刚晋升的老马无心工作，请了年假专门用来寻找许薇。但凡是他能想到的地方，他都去瞧了问了，可许薇就像是从人间蒸发了，一丝线索都不给他留。

他差点就要去派出所申报人口失踪了，出门前却又突然想到，要是警察问起许薇同他的关系，自己该怎样回答呢？想到这儿，他便怯了，只好打消了这念头。

好在，功夫不负有心人，在许薇消失的第十一天，老马终于从她表妹的嘴里撬出了她的下落。她租住在一处偏僻的公寓里，房子看起来也有年头了，楼梯间里随处可见翘起的墙皮，像无数只颤颤巍巍的小手，极力地伸着，想要触摸每个过客的心事。

老马见到许薇的时候，她正敞着门洗衣服，一个外表锈迹斑斑的大铁盆里盛满了过去她自己的衣物。水花遍地，像一摊破碎的秘密。屋内传来老式直筒洗衣机愤怒的嗡鸣声，把老马的心搅得生疼。

他就站在楼道里愣愣地看着她。她发现他的存在，五官震了一下，随即把一团浸满水的辨不清是什么的红布"啪"地摔在大铁盆里，迅速转身闪进了屋内。他怕她把门关死，便快步跟了上去。屋里依旧遍地水花，依旧灌满了洗衣机的嗡鸣声，除此之外，似乎也瞧不见什么像样的陈设。明明面积不大，却空得有些

瘆人。

老马刚要开口说话，洗衣机突然完成了甩干，屋子里又倏地静下来，又把他的话给打回去。他咽了下口水，沉着嗓子对正背对着自己站在窗前的许薇说："怎么跑到这儿来了？这些天，让我好找。"

她没回应，他却清楚地看见她娇小的身板抖了一抖。他想过去，像从前那样，好好地抱一抱她，却被她突然的回话钉在了原地。

"你骗得我好苦。"她的话听不出情绪。

他心里打过一道惊雷，瞬间明白那件事真的已经败露了，窘了好一会儿，这才不紧不慢地说："可是我们有房子……一个家该有的东西，我们也都有。我一直在竭尽所能对你好，能给的我都给了——难道，你过得不快乐吗？"

他听见她笑了，笑得像一道惊雷："你以为我跟你在一起，是为了钱？"

"我当然不是那个意思……"

"你是很好，之前我也很开心。但我现在不想要了——不是我的东西我不要。"她说得字字铿锵，仿佛有一股无形的力量，正在把他往屋外推。

他无话可说。

"你走吧。以后都别再来找我了。好不容易刚找到合适的地方，不想再搬来搬去了。"

他像一根桩子似的戳在那儿，又对着她的背影看了好一会儿，一口气长长地叹出来："好吧，那你先冷静冷静。"

关门声过去了很久，确认他真的走了，她才像个断了线的木偶，软软地瘫到那张狭小的单人床上。

五天后，许薇去新公司面试归来，又在楼道里看见老马。她看着他，他也看着她，都在心里想，眼前这个人，到底是胖了还是瘦了，到底是比从前快乐，还是比从前沮丧呢？他俩都确定不了，只好愣愣地僵持着。楼上有住户下来，看见眼前这诡异的一幕，虽然心中好奇，却也不便过问什么，一边一步步地下着楼梯，一边又瞥着眼睛往他俩身上看。

不知他人的出现，是否成了打破这僵局的借口。许薇把视线移开，打算把老马当成空气，看起来很是随意地掏出钥匙，去开那扇有些掉漆的防盗门。老马尴尬地靠了靠边，在她想要随手带上门的瞬间，及时扳住了门沿。

"我有一些最后的话想对你说。"他说得急切，声音都有些破开来了。

许薇定住了一下，随即松开了门把手。

屋里还是空空的，冷冷的，像一颗被洗劫一空的心。许薇坐在床尾，不知是否是为了掩饰自己的慌乱，没洗手就去叠洗好晾干的内衣裤。眼前的一切都令老马感到陌生，他无所适从，手和脚都不知该往哪儿放，傻站在那里好一会儿，才故作从容地坐到一把草绿色的塑料椅子上。

"有话快说，说完快走。"她冷冷地说。

"你跟我回去吧！"明明是祈使句，却被他说得像疑问句一样。

"我没有再回去的理由了。"

屋里又安静了好几秒。他突然站起身子，凑到她跟前来，从裤子口袋里摸出一个包着玫红色天鹅绒的小方盒子，学着电影里的场面，十分别扭生疏地单腿跪地，跟她说："我跟她早就没了感情，昨天我已经通知她，要跟她离婚了——现在，请你嫁给我吧。"

说着，他把盒子打开，一枚闪着寒光的钻戒，呈在她的面前。

许薇的眼中起了波澜，她颤颤巍巍地伸出手，把那枚小巧的戒指从盒子里摘出来，像得了什么稀世珍宝一样，小心翼翼地左看右看。她甚至还戴上了它，再把胳膊伸直，离远了看它圈在自己手指上的效果。

这是一年多以来，她每天都在期待的时刻。她不计其数地幻想过这个过程：会在一年中什么样的季节，会在一天中什么样的时间，会在庞大世界中什么样的具体地点，他会穿着什么样的衣服，带着什么样的表情，摆出什么样的肢体动作，用着什么样的语气，亲口对她说出什么样的话……而如今，这一刻终于到了，她激动得有些眩晕，觉得这一切都十分恍惚，欠缺应有的真实感——而在感性退潮过后，理性又赤裸裸地重见天日。她连忙将戒指从手上撸下来，像扔掉烫手山芋似的把它丢回盒子里，伸手去抓还没整理好的衣物。

"你快站起来吧。"她轻声说。

他皱起了眉头，明白情势并不乐观，却又偏执地想再试上一试，一条腿一蹬，一条腿一蹭，又跪得更近了些。

"跟你在一起，就像坐在一个热气球上，晃晃悠悠地飘啊飘，我看了很多漂亮的云，漂亮的鸟，却就是看不到下面的陆地，心里总觉得不够踏实。"

她表情天真得像个怀春的少女，又忽闪着眼睛，看了看他。

他不知该如何回应，只保持着那个姿势。

"我也以为自己是这世界上最幸福的人，"她脸色一变，语气一转，"却没想到这幸福是偷别人的——我感觉自己是个小偷，偷了这么久，也该改邪归正了。"

她定定地看着他，眼睛里没了方才的喜悦，但好像也没有在怨怼谁。

"你别这样说自己——是我不好，都是我不好。"他把戒指盒放在床上，去抓她的手，却被她不紧不慢地掰开。

"这怎么能算是偷呢？我马上就跟她离婚了，后天——不，明天，明天我就回去跟她办手续。然后我就来娶你，光明正大地娶你，一切就都名正言顺了，我们还能过回原先的日子。"他说得诚恳，目光灼灼地仰视着她。

她却突然哭了，也不知道是哪句话、哪个字触动了她的神经。她把手里的吊带背心甩到他脸上，又顺势推了他一把。他跌坐在地上，这才满脸错愕地站了起来。

"我处过的第一个男朋友，对我也是特别好，可后来他劈腿了，被我发现的时候，他还口口声声说爱我——呵，这世上简直没有比那句话更虚伪的东西了！那段时间我怎么都想不明白，他那么爱我，我那么爱他，他怎么会做出那样的事呢？完全出乎我的意料——后来我又遇到了你……呵呵，你说我上辈子到底造了什么孽？净让我碰上这种事？"

她边哭边说，说得快而清晰，就像一眼压抑了很久的喷泉，终于等到了机会一泻千里——她从未跟他说过这些，他显然有些应接不暇，听傻了。

"所以，我离开你，不是为了装什么伟大。我只是经历过那种痛，只是在将心比心，不想以后再遭什么报应！我也以为从那个房子里搬出来的时候，自己会很舍不得，但其实并没有，我反而觉得那里是那么恶心！我再也不要回去了，再也不要看见你——因为你根本就不懂得尊重女性，也根本就不懂什么是爱情！"

　　她越说越激动，发现他不知不觉已经退后了两步，脸也燎上了怒火，憋得通红。

　　"谢谢你送我的空欢喜！你就当行行好，放过我吧！"

　　话音刚落，他突然恍过神儿来，恶狠狠地从床上拿走他的戒指，径直摔门走了。

　　摔门声回荡在这空空的屋子里，仿佛这一震，满屋子的空气被挤压，被摩擦，让她感觉突然就暖了。

　　她知道，自己的新生活，这才算真正开始了。

图书在版编目（CIP）数据

世界很大，有你刚好 / 鹿满川著 . — 北京 : 民主
与建设出版社，2018.1（2021.4重印）

ISBN 978-7-5139-1914-2

Ⅰ . ①世… Ⅱ . ①鹿… Ⅲ . ①情感—通俗读物 Ⅳ .
① B842.6-49

中国版本图书馆 CIP 数据核字 (2018) 第 012810 号

世界很大，有你刚好
SHIJIE HEN DA YOU NI GANG HAO

著　　者	鹿满川
选题策划	青橙文化
策划监制	王二若雅
责任编辑	刘树民
特约监制	易涵辰
特约编辑	大　风
封面设计	米屋工作室
出版发行	民主与建设出版社有限责任公司
电　　话	（010）59417747　59419778
社　　址	北京市海淀区西三环中路 10号望海楼 E座 7层
邮　　编	100142
印　　刷	三河市嵩川印刷有限公司
版　　次	2018年 4月第 1版
印　　次	2021年 4月第 2次印刷
开　　本	880mm × 1230mm　1/32
印　　张	7.25
字　　数	136千字
书　　号	ISBN 978-7-5139-1914-2
定　　价	39.80元

注：如有印、装质量问题，请与出版社联系。